通信技术与物联网研究

何腊梅　著

中国纺织出版社

图书在版编目（CIP）数据

通信技术与物联网研究 / 何腊梅著. -- 北京 ：中
国纺织出版社，2018.10 （2022.1重印）

ISBN 978-7-5180-4442-9

Ⅰ．①通… Ⅱ．①何… Ⅲ．①通信技术－应用－研究
②智能技术－应用－研究 Ⅳ．①TN91②TP18

中国版本图书馆CIP数据核字（2017）第315305号

责任编辑：汤 浩 　　　　　　　　　　　　　责任印制：储志伟

中国纺织出版社出版发行

地 址：北京市朝阳区百子湾东里A407号楼 邮政编码：100124

销售电话：010-67004422 传真：010-87155801

http://www.c-textilep.com

E-mail: faxing@c-textilep.com

中国纺织出版社天猫旗舰店

官方微博http://weibo.com/2119887771

北京虎彩文化传播有限公司 各地新华书店经销

2018年10月第1版 2022年1月第11次印刷

开 本：787×1092 1/16 印张：12.125

字 数：200千字 定价：59.00元

作者简介

　　何腊梅，出生于1987年11月29日，籍贯为甘肃陇西。硕士研究生学历，讲师职称。毕业于成都理工大学，现任职于陇东学院。主要研究方向为现代信号与信息处理。

　　曾于2016年9月，在《陇东学院学报》发表论文《THKSS-E型实验箱在"信号与系统"实验教学中的应用》一篇；2013年1月，在《工程地球物理学报》发表论文《STFT与FIR在航空电磁数据处理中的应用》一篇；2012年10月，在《地球物理学会》发表会议论文《STFT在航空瞬变电磁数据处理中的应用》一篇。

前 言

1998年，在美国统一代码委员会（Uniform Code Council，UCC）的支持下，美国麻省理工学院的研究人员创造性地提出将互联网与射频标识（RFID）技术有机结合，通过为物品贴上电子标识牌，实现物品与互联网的连接，即可在任何时间、任何地点实现对任何物品的识别与管理。这就是早期"物联网"的概念。

物联网是通过各种信息传感设备及系统（传感网、射频识别系统、红外感应器、激光扫描器等）、条码与二维码、全球定位系统，按约定的通信协议，将物与物、人与物连接起来，通过各种接入网、互联网进行信息交换，以实现智能化识别、定位、跟踪、监控和管理的一种信息网络。物联网的主要特征是每一个物件都可以寻址，每一个物件都可以控制，每一个物件都可以通信。物联网是国家新兴战略产业中信息产业发展的核心领域之一，将在国民经济发展中发挥重要的作用；是国家经济发展的又一新增长点，它将有力带动传统产业转型升级，引领战略性新兴产业发展，实现经济结构的战略性调整，引发社会生产和经济发展方式的深度变革，具有巨大的战略增长潜能。目前，物联网是全球研究的热点问题之一，国内外都把它的发展提到了国家级的战略高度，称之为继计算机、互联网之后世界信息产业的第三次浪潮。

针对物联网高速发展的现状，一本比较全面详细的关于物联网技术方面的书籍将对人们认识和利用物联网起到很好的推动作用，为此作者写作了此书。本书首先论述了物联网的基本概念及物联网的体系架构，同时论述了物联网的关键技术，如无线传感网络技术、传感器技术、射频（RFID）技术、M2M技术、云计算及中间件技术。对于有线通信网技术、移动通信技术、传送网技术、支撑网技术等通信技术也有所涉猎，然后分析了物联网中短距离无线通信技术，如蓝牙技术、ZigBee技术、超宽带技术、近场通信技术及无线局域网技术，最后介绍了未来将在物联网领域大有可为的应用和技术，如计算机网络技术。

与已有的同类研究成果相比，本书主要具有以下三大特色：

一是理论与实践相结合，把抽象的理论与生动的实践有机地结合起来，使读者在理论与实践的交融中对通信技术与物联网有全面和深入的理解和掌握。

二是严谨性，本书对基本概念、基本知识、基本理论都给予了准确的表述，论述风格严谨、求是，并在内容表达上力求由浅入深、通俗易懂。在形式体例上力求科学、合理，使之系统化和实用化。

三是创新性，本书尽可能反映通信技术与物联网的最新发展，对物联网的理论、技术等多方面的现状及发展趋势进行介绍，以拓展读者的视野。

需要说明的是，通信技术与物联网的相关知识并不止于本书的内容，尤其是其中的一些技术也在随着科技的发展而不断更新变化，这还需要人们结合自身实际，不断学习，唯有如此，才能百尺竿头更进一步！

本书由陇东学院的教师何腊梅撰写，在撰写的过程中，得到陇东学院信息工程学院通信工程和物联网工程两个教研室多位教师的支持和帮助，同时还有许多兄弟院校的教师提出了许多宝贵的意见，在此一并表示衷心的感谢。

编者 何腊梅

2017年8月

目　录

第一章

物联网概述

物联网是继计算机、互联网和移动通信之后的又一次信息产业革命。从"智慧地球"的理念到"感知中国"的提出，物联网随着全球一体化、工业自动化和信息化进程的不断深入而悄然兴起，它就在人们身边。让我们一起来认识物联网，理解物联网，应用物联网。

第一节　物联网概念

一、物联网的定义

物联网作为一种新兴的网络技术，得到了人们的广泛关注，被称为继计算机、互联网之后，世界信息产业的第三次浪潮。物联网是新一代信息技术的重要组成部分，在不同的阶段从不同的角度出发，会有不同的理解、解释。目前，有关物联网定义的争议还在进行之中，尚未形成一个世界范围内认可的权威定义。要确切地表达物联网的内涵，需要全面分析其实质性技术要素，这样才能有一个较为客观的诠释。

（一）物联网的基本定义

物联网的出现可以追溯到1998年，美国麻省理工学院（Massachusetts Institute of Technology，MIT）基于射频识别（Radio Frequency Identification，RFID）技术提出了产品电子编码（Electronic Product Code，EPC）系统。2005年，国际电信联盟（International Telecommunication Union，ITU）发布了《ITU互联网报告2005：物联网》，系统阐述了物联网的基本概念、相关技术、潜在市场、所面临的挑战以及对未来全球经济和社会发展的可能影响，正式向全球介绍了物联网。

"物联网"的英文名称为"The Internet of Things"，简称IOT。顾名思义，物联网就是物物相连的互联网。这说明物联网的核心和基础是互联网，物联网是互联网的延伸和扩展。其延伸和扩展到了任何人与人、人与物、物与物之间进行的信息交换和通信。对于物联网（IOT）可以给出如下基本定义：

物联网是通过各种信息感知设施，按约定的通信协议将智能物件互联起来，通过各种通信网络进行信息传输与交换，以实现决策与控制的一种信息网络。这个定义表达了以下三个含义：

1.信息全面感知

物联网是指对具有全面感知能力的物件及人的互联集合。两个或两个以上物件如果能交换信息即可称为"物联"。使物件具有感知能力需要在物件上装置不同类型的识别装置，如电子标签、条码与二维码等，或通过传感器、红外感应以及控制器等感知其存在。同时，这一概念也排除了网络系统中的主从关系，能够自组织。

2.通过网络传输

互联的物件要互相交换信息，就需要实现不同系统中的实体通信。为了成功通信，它们必须遵守相关的通信协议，同时需要相应的软件、硬件来实现这些协议，并可以通过现有的各种通信网络进行信息传输与交换。

3.智能决策与控制

物联网可以实现对各种物件（包括人）的智能化识别、定位、跟踪、监控和管理等功能。这也是组建物联网的目的。

物联网定义中所说的"物"在学术上不能解释成哲学意义上的"物质"或物理学意义上的"物体"，而是日常生活中的"物件"。这种物件应具备：（1）相应的数据收发器；（2）数据传输信道；（3）一定的存储功能；（4）一定的计算能力（CPU）；（5）操作系统；（6）专门的应用程序；（7）网络通信协议；（8）可被标识的唯一标志。也就是说，物联网中的每一个物件都可以寻址，每一个物件都可以通信，每一个物件都可以控制。物件一旦具备这些性能特征，就可称之为"智能物件（Smart Object）"。

智能物件是物联网的核心概念。从技术的角度看，智能物件是指装备了信息感知设施（如传感器）或制动器、微处理器、通信装置和电源的设备。其中，传感器或制动器赋予了智能物件与现实世界交互的能力。微处理器保证智能物件即使在有限的速度和复杂度上，也能对传感器捕获的数据进行转换。通信装置使得智能物件能够将其传感器读取的数据传输给外界，并接收来自其他智能物件的数据。电源为智能物件提供其工作所需的电力。

简言之，物联网是连接物件的互联网。

（二）有关物联网定义的其他表述

由于物联网概念提出不久，其内涵还在不断发展、完善。在不同的阶段从不同的角度出发对物联网就有了不同的理解、解释。目前，存在着物联网、传感网以及泛在网络等相关概念，而且对于支持人与人、人与物、物与物广泛互联，实现人与客观世界的全面信息交互的全新网络如何命名，也存在着物联网、传感网、泛在网三个概念之争。有关物联网概念，比较有代表性的表述有如下几种：

1.麻省理工学院（MIT）最早提出的物联网概念

早在1999年，MIT的Auto-ID研究中心首先提出：把所有物品通过射频识别（RFID）和条码等信息传感设备与互联网连接起来，实现智能化识别和管理。这种表述的核心是RFID技术和互联网的综合应用。RFID标签可谓是早期物联网最为关键的技术与产品，当时认为物联网最大规模、最有前景的应用就是在零售和物流领域。利用RFID技术，通过计算机互联网实现物品（商品）的自动识别、互联与信息资源共享。

2.国际电信联盟（ITU）对物联网的定义

2005年，国际电信联盟（ITU）在*The Internet of Things*报告中对物联网概念进行了扩展，提出了任何时刻、任何地点、任意物体之间的互联，无所不在的网络和无所不在的计算的发展愿景。也就是说物联网是在任何时间、任何环境，任何物品、人、企业、商业采用任何通信方式（包括汇聚、连接、收集、计算等），来满足提供的任何服务。按照ITU给出的这个定义，物联网主要解决物品到物品（Thing to Thing，T2T）、人到物品（Human to Thing，H2T）、人到人（Human to Human，H2H）之间的互联。这里与传统互联网最大的区别是，H2T是指人利用通用装置与物品之间的连接，H2H是指人之间不依赖于个人计算机而进行的互联。需要利用物联网才能解决的，是传统意义上的互联网没有考虑的、对于任何物品连接的问题。

物联网是连接物件的互联网络，有些学者在讨论物联网时，常常提到M2M的概念。可以将M2M解释为人到人（Man to Man）、人到机器（Man to Machine）、机器到机器（Machine to Machine）。实际上M2M所有的解释在现有的互联网中都可以实现，人到人之间的交互可以通过互联网进行，最多可以通过其他装置间接地实现，例如第三、四代移动电话，可以实现十分完美的人到人的交互；人到机器的交互一直是人体工程学和人机界面领域研究的主要课题；而机

器与机器之间的交互已经由互联网提供了最为成功的案例。

本质上，人与机器、机器与机器的交互，大部分是为了实现人与人之间的信息交互。万维网（World Wide Web）技术成功的动因，在于通过搜索和链接，提供了人与人之间异步进行信息交互的快捷方式。通常认为，在物联网研究中不应该采用M2M概念，因为这是一个容易形成思路混乱的概念，采用ITU定义的T2T、H2T和H2H的概念比较清楚。

3.欧洲智能系统集成技术平台报告对物联网的阐释

2008年5月27日，欧洲智能系统集成技术平台（The European Technology on Smart Systems Integration，EPoSS）在其发布的*Internet of Things in 2020*报告中，分析预测了物联网的发展趋势。该报告认为：由具有标识、虚拟个性的物体/对象所组成的网络，其标识和个性等信息在智能空间使用智慧的接口与用户、社会和环境进行通信。显然，对物联网的这个阐释说明RFID和相关的识别技术是未来物联网的基石，侧重于RFID的应用以及物体的智能化。

4.欧盟第7框架下RFID和物联网研究项目组对物联网给出的解释

欧盟第7框架下RFID和物联网研究项目组对RFID和物联网进行了比较系统的研究后，在其2009年9月15日发布的研究报告中指出：物联网是未来互联网的一个组成部分，可以被定义为基于标准的和交互通信协议的且具有自配置能力的动态全球网络基础设施，在物联网内物理和虚拟的"物件"具有身份、物理属性、拟人化等特征，它们能够被一个综合的信息网络所连接。

欧盟第7框架下RFID和物联网研究项目组的主要任务是：（1）实现欧洲内部不同RFID和物联网项目之间的组网；（2）协调包括RFID在内的物联网的研究活动；（3）对专业技术平衡，以使得研究效果最大化；（4）在项目之间建立协同机制。

综上所述，虽然这些概念与物联网不尽相同，但是其理念都是一致的，即全面感知、可靠传输和智能处理。"物联网"的内涵起源于由RFID对客观物体进行标识并利用网络进行数据交换这一概念，经不断扩充、延展、完善而逐步形成，并且还在丰富、发展、完善之中。

二、物联网产生的主要原因

物联网的产生有其技术发展的原因，也有应用环境和经济背景的社会需

求。物联网之所以被称为第三次信息革命浪潮，主要源于以下几种因素。

（一）经济危机催生新产业革命

2009年全球发生的金融危机，把全球经济带入了深渊。自然，战略性新兴产业将成为"后危机时代"的新宠儿。按照经济增长理论，每一次的经济低谷必定会催生某些新技术的发展，而这种新技术一定可以为绝大多数工业产业提供一种全新的应用价值，从而带动新一轮的消费增长和高额的产业投资，以触发新经济周期的形成。美国、日本、欧盟等均已将注意力转向新兴产业，并给予前所未有的强有力政策支持。例如，奥巴马的能源计划是发展智能电网产业，全面推进分布式能源信息管理。中国专家提出坚强智能电网概念，催生了以智能电网技术为基础，通过电子终端将用户之间、用户和电网公司之间形成网络互动和即时连接，实现数据读取的实时、高速、双向的总体效果，实现电力、电信、电视、远程家电控制和电池集成充电等的多用途开发。电力检测无线传感器电网配电传输系统，智能电表的用电智能感知网络在很多地区已呈现出其优越性能。传感网技术将在新兴产业（如工业测量与控制、智能电网领域）中扮演重要角色，发挥重要作用。传感网所带来的一种全新的信息获取与信息处理模式，将深刻影响着信息技术的未来发展。目前的经济危机让人们又不得不面临紧迫的选择，显然物联网技术可作为下一个经济增长的重要助推器，催生新产业革命。

（二）传感网技术已成熟应用

近年来微型制造技术、通信技术及电池技术的改进，促使微小的智能传感器可具有感知、无线通信及信息处理的能力。也就是说，涉及人类生活、生产、管理等方方面面的各种智能传感器已经比较成熟，如常见的无线传感器、射频识别（RFID）、电子标签等。传感网能够实现数据的采集量化、融合处理和传输，它综合了微电子技术、现代网络及无线通信技术、嵌入式计算技术、分布式信息处理技术等先进技术，兼具感知、运算与网络通信能力，通过传感器侦测周边环境，如温度、湿度、光照、气体浓度、振动幅度等，并由无线网络将搜集到的信息传送给监控者；监控者解读信息后，便可掌握现场状况，进而维护、调整相关系统。由于监控物理环境的重要性从来没有像今天这么突出，传感网已被视为环境监测、建筑监测、公用事业、工业控制与测量、智能家居、交通运输系统自动化中的一个重要发展方向。传感网使目前的网络通信技术功能得到了极大的

拓展，使通过网络实时监控各种环境、设施及内部运行机理等成为可能。经过十余年的研究发展，可以说传感网技术已是相对成熟的一项能够引领产业发展的先进技术。

（三）网络接入和信息处理能力已适应多媒体信息传输处理需求

目前，随着信息网络接入多样化、IP宽带化和计算机软件技术的飞跃发展，对海量数据采集融合、聚类或分类处理的能力大大提高。在过去的十几年期间，从技术演进视野来看，信息网络的发展已经历了三个大的发展阶段，即：（1）大型机、主机的联网；（2）台式计算机、便携式计算机与互联网相连；（3）一些移动设备（如手机、PDA等）的互联。信息网络的进一步发展，显然是更多与智能社会相关物品的互联。宽带无线移动通信技术在过去数十年内，已经历了巨大的技术变革和演变，对人类生产力产生了前所未有的推动作用。以宽带化、多媒体化、个性化为特征的移动型信息服务业务，成为公众无线通信持续高速发展的原动力，同时也对未来移动通信技术的发展提出了巨大挑战。当前，移动通信系统（4G）已经进入商业化应用阶段，可以说网络接入和数据处理能力已适应构建物联网进行多媒体信息传输与处理的基本需求。

三、物联网主要特征

物联网是通过各种感知设备和互联网，将物体与物体相互连接，实现物体间全自动、智能化地信息采集、传输与处理，并可随时随地进行智能管理的一种网络。作为崭新的综合性信息系统，物联网并不是单一的，它包括信息的感知、传输、处理决策、服务等多个方面，呈现出显著的自身特点。物联网有以下三个主要特征。

（一）全面感知

全面感知即利用RFID、WSN等随时随地获取物体的信息。物联网接入对象涉及的范围很广，不但包括了现在的PC、手机、智能卡等，就如轮胎、牙刷、手表、工业原材料、工业中间产品等物体也因嵌入微型感知设备而被纳入。物联网所获取的信息不仅包括人类社会的信息，也包括更为丰富的物理世界信息，包括压力、温度、湿度等。其感知信息能力强大，数据采集多点化、多维化、网络化，使得人类与周围世界的相处更为智慧。

（二）可靠传递

物联网不仅基础设施较为完善，网络随时随地可获得性也大大增强，其通过电信网络与互联网的融合，将物体的信息实时、准确地传递出去，并且人与物、物与物的信息系统也实现了广泛的互联互通，信息共享和互操作性达到了很高的水平。

（三）智能处理

智能是指个体对客观事物进行合理分析、判断及有目的地行动和有效地处理周围环境事宜的综合能力。物联网的产生是微处理器技术、传感器技术、计算机网络技术、无线通信技术不断发展融合的结果，从其自动化、感知化要求来看，它已能代表人、代替人对客观事物进行合理分析、判断及有目的地行动和有效地处理周围环境事宜，智能化是其综合能力的表现。

物联网不但可以通过数字传感设备自动采集数据，也可以利用云计算、模式识别等各种智能计算技术，对采集到的海量数据和信息进行自动分析和处理，一般不需人为的干预，还能按照设定的逻辑条件，如时间、地点、压力、温度、湿度、光照度等，在系统的各个设备之间，自动地进行数据交换或通信，对物体实行智能监控和管理，使人们可以随时随地、透明地获得信息服务。

第二节　物联网技术的产生与发展

一、物联网的起源

（一）普适计算思想

1988年，美国施乐（Xerox）公司Palo Alto研究中心（PARC）的马克·维瑟开创性地提出了普适计算（Ubiquitous Computing，也译为"无所不在的计算"）的思想，认为普适计算的发展将使技术无缝地融入人们的日常生活。1991年，马克·维瑟博士在权威杂志《科学美国》上发表了《21世纪的计算机》（*The*

Computer for the 2lst Century）一文，对计算机的未来发展进行了大胆的预测。他认为计算机最终将"消失"，人们将意识不到其存在，它们已经融入人们生活的方方面面——"这些最具深奥含义的技术将隐形消失，变成宁静技术（Calm Technology）潜移默化地无缝融合到人们的生活中，直到无法分辨为止"。他认为计算机只有发展到这一阶段才能成为功能至善的工具，即人们不再为使用计算机而去学习软件、硬件、网络等专业知识，而只要想用时就能直接使用；如同钢笔一样，人们只需拔掉笔盖就能书写，而无须为了书写而去了解笔的具体结构与原理等。

Weiser博士的观点极具革命性，它昭示了人类对信息技术发展的总体需求：一是计算机将发展到与普通物品充分融合、无法分辨为止，具体来说，从形态上计算机将向普物化发展，从功能上计算机将发展到"普适计算"的境地；二是计算机将全面联网，网络将无所不在地融入人们生活中，无论身处何时何地，无论是运动状态还是静止状态，人们已意识不到网络的存在，却能随时随地享受网络提供的各种各样的服务。此时的"物联网"更多的是作为一种思想出现，在这种思想中，人类拥有无所不在的计算能力。

（二）比尔·盖茨《未来之路》

早在1995年，比尔·盖茨在他的《未来之路》一书中写到对未来的描述时，有这样一段话："你不会忘记带走你遗留在办公室或教室里的网络连接用品，它将不仅仅是你随身携带的一个小物件，或是你购买的一个用具，而且是你进入一个新的、介质生活方式的通行证。"这也许就是比尔·盖茨想象的网络世界能给人们的生活带来的变化，这个大胆的设想在那个年代只能是一个"梦想"，因为那个年代的计算机水平和网络水平远远不具备能实现比尔·盖茨梦想的条件。但是，比尔·盖茨的梦想超越了那个年代，引领社会朝着一个新的目标发展。

事实上，比尔·盖茨的"梦想"实质上就是物联网，但由于受限于无线网络、硬件及传感器的发展，并没有引起太多关注。

（三）EPC系统

1998年，在美国统一代码委员会（Uniform Code Council，UCC）的支持下，美国麻省理工学院的研究人员创造性地提出将互联网与RFID技术有机结合，利

用EPC（Electronic Product Code）代码作为物品标识，实现物品与互联网的连接，即可在任何时间、任何地点，实现对任何物品的识别与管理。这就是早期"物联网"的概念。此后，他们联合大学、企业，对基于EPC的物联网相关研究实行分工工作，系统地开展研究，提出最初的由射频标签（RFID）、阅读器、Savant软件、对象名称解析服务（ONS）、物品标记语言服务器（PML－Server）5部分组成的EPC系统雏形。此时的"物联网"，已经从思想走向实践，主要是指利用EPC体系对物流系统进行数字化管理。

二、物联网的发展

（一）u-Japan和u-Korea战略

2004年，日本和韩国都推出了目标非常相似的国家信息化战略，分别称为u-Japan和u-Korea。此时的"物联网"，已经上升为国家信息化战略，侧重从人的角度出发，建立无所不在的网络社会和应用服务，但也包含了物的网络建设。

u-Japan由日本信息通信产业的主管机关总务省提出，即物联网战略。目标是到2010年把日本建成一个充满朝气的国家，使所有的日本人，包括儿童和残疾人，都能积极地参与日本社会的活动。通过无所不在的物联网，创建一个新的信息社会。u-Japan战略的理念是以人为本，实现所有人与人、物与物、人与物之间的连接。通过实施u-Japan战略，日本希望开创前所未有的网络社会，并成为未来全世界信息社会发展的楷模和标准，在解决其高龄化等社会问题的同时，确保在国际竞争中的领先地位。

韩国的"u-Korea"战略，是要建立由智能网络、最先进的计算技术以及其他领先的数字技术基础设施武装而成的技术社会形态。在这样一个无所不在的网络社会中，所有人可以在任何地点、任何时刻享受现代信息技术带来的便利。为了实现"u-Korea"计划，韩国选择了实现计划的技术路线——IT839战略。"IT839战略"指的是将8项通信广播服务、3个先进基础设施（网络）和9个IT新增长引擎有机地连接在一起的IT战略。2004年推出之时，这8项通信广播服务包括无线宽（WiBro）服务、数字多媒体广播（DMB）服务、家庭网络服务、远程信息处理（Telematics）服务、无线射频识别（RFID）服务、W－CDMA服务、地面数字电视服务、网络电话（VoIP）；3个基础设施包括宽带融合网络（BcN）、泛在传感网络（USN）以及作为韩国电信广播服务领域基础方式的

IPv6；9个IT新增长引擎是指，增强下一代移动电信、家庭网络和数字电视等9种新技术产品的竞争力。

（二）ICT新模式——物联网（IOT）发展报告

2005年11月17日，在突尼斯举行的信息社会世界峰会（World Summit on the Information Society，WSIS）上，国际电信联盟发布了《ITU互联网报告2005：物联网》，该报告指出，"无所不在的'物联网'通信时代即将来临，世界上所有的物体从轮胎到牙刷、从房屋到纸巾都可以通过互联网主动进行数据交换。通过在各种日常使用的设备中嵌入移动无线电收发器，实现了人与物之间以及物与物之间的通信。ICT世界呈现出新模式：任何时间、任何地点、来自任何人的连接，都是物与物的连接。这种连接将创造网络中新的动态网络——物联网。"此时的"物联网"，不仅将人，也将物之间的无所不在的通信同等地考虑在内，描绘出ICT广泛应用后的新模式。

（三）智慧地球

2009年1月，IBM首席执行官彭明盛提出"智慧地球"构想。智慧地球的核心是以一种更智慧的方法通过利用新一代信息技术来改变政府、公司和人们相互交互的方式，以便提高交互的明确性、效率、灵活性和响应速度。智慧方法具体来说包括3个方面的特征：更透彻的感知，更广泛的互连互通，更深入的智能化。此时的"物联网"，不仅重视人与物的网络社会建设和信息的处理，更重要的是从深度信息化的角度出发，通过在各领域广泛利用新的信息技术来建设智慧的社会。

（四）未来物联网的发展

欧洲智能系统集成技术平台（EPoSS）在《Internet of Things in 2020》报告中分析预测，未来物联网的发展将经历4个阶段，2010年之前RFID被广泛应用于物流、零售和制药领域，2010~2015年物体互联，2015~2020年物体进入半智能化，2020年之后物体进入全智能化。就目前而言，许多物联网相关技术仍在开发测试阶段，离不同系统之间融合、物与物之间的普遍连接的远期目标还存在一定差距。EPoSS提出的各阶段物联网技术研发、产业化、标准化等工作的重点如下表所示。

2020年国际物联网技术研发重点

	2010年之前	2010——2015年	2015——2020年	2020年之后
技术愿景	单个物体间互连；低功耗、低成本	物与物之间联网；无所不在的标签和传感器网络	半智能化；标签、物品可执行指令	全智能化
标准化	RFID安全及隐私标准；确定无线频带；分布式控制处理协议	针对特定产业的标准；交互式协议和交互频率；电源和容错协议	网络交互标准；智能器件之间互连标准化	智能响应行为标准；健康安全
产业化应用	RFID在物流、零售、医药产业应用；建立不同系统间交互的框架（协议和频率）	增强互操作性；分布式控制及分布式数据库；特定融合网络；恶劣环境下应用	分布式代码执行；全球化应用；自适应系统；分布式存储、分布式处理	人、物、服务网络的融合；产业整合；异质系统间应用
器件	更小、更廉价的标签、传感器、主动系统；智能多波段射频天线；高频标签；小型化、嵌入式读取终端	提高信息容量、感知能力；拓展标签、读取设备、高频；传输速率；片上集成射频；与其他材料整合	超高速传输；具有执行能力标签：智能标签；自主标签；协同标签；新材料	更廉价材料；新物理效应；可生物降解器件；纳米功率处理组件
功耗	低功耗芯片组；降低能源消耗；超薄电池；电源优化系统（能源管理）	改善能量管理；提高电池性能；能量捕获（储能、光伏）；印刷电池；超低功耗芯片组	可再生能源；多种能量来源；能量捕获（生物、化学、电磁感应）；恶劣环境下发电；能量循环利用	能量捕获；生物降解电池；无线电力传输

第三节　物联网时代嵌入式系统的华丽转身

随着IT技术的飞速发展，互联网已进入了"物联网"的时代。之前互联网上存在的设备大多以通用计算机的形式出现，而"物联网"的目的是让所有物品都具有计算机的智能，但是却并不以通用计算机的形式出现，这就需要嵌入式系统和中间件技术的支持才能将这些"聪明"的物品与网络连接在一起。

物联网与嵌入式系统密不可分，无论是智能传感器，无线网络还是计算机

技术中信息显示和处理都包含了大量嵌入式系统技术的应用。可以说物联网就是基于互联网的嵌入式系统。

一、嵌入式系统的定义

嵌入式系统无处不在，在移动电话、数码照相机、MP4、数字电视的机顶盒、微波炉、汽车内部的喷油控制系统、防抱死制动系统等装置或设备中都使用了嵌入式系统。嵌入式系统，是一种"完全嵌入受控器件内部，为特定应用而设计的专用计算机系统"，根据国际电气和电子工程师协会（Institute of Electrical and Electronic Engineers，IEEE）的定义，嵌入式系统是"控制、监视或辅助设备、机器和车间运行的装置"。

目前，国内普遍认同的嵌入式系统的定义是：以应用为中心，以计算机技术为基础，软硬件可裁剪，适应应用系统对功能、可靠性、成本、体积、功耗严格要求的专业计算机系统。

二、嵌入式系统的发展与转变

嵌入式系统的应用可以追溯到20世纪60年代中期。嵌入式系统的发展历程，大致经历了以下4个阶段。

（一）无操作系统阶段

单片机是最早应用的嵌入式系统。单片机作为各类工业控制和飞机、导弹等武器装备中的微控制器，用来执行一些单线程的程序，完成监测、伺服和设备指示等多种功能，一般没有操作系统的支持，程序设计采用汇编语言。由单片机构成的这种嵌入式系统使用简便，价格低廉，在工业控制领域得到了非常广泛的应用。

早期的单片机均含有256 B的RAM、4kB的ROM、4个8位并口、1个全双工串行口、两个16位定时器，如Intel公司的8048，它出现在1976年，是最早的单片机；摩托罗拉（Motorola）推出的68HC05；Zilog公司推出的280系列。之后在20世纪80年代初，英特尔（Intel）又进一步完善了8048，在它的基础上研制成功了8051，这在单片机的历史上是值得纪念的一页，迄今为止，51系列的单片机仍然是最为成功的单片机芯片，在各种产品中有着非常广泛的应用。

（二）简单操作系统

20世纪80年代，出现了大量具有高可靠性、低功耗的嵌入式CPU，如Power PC等。这些芯片上集成有微处理器、RAM、ROM及I/O接口等部件。此时，面向I/O设计的微控制器开始在嵌入式系统中设计并应用。一些简单的嵌入式操作系统开始出现，并得到了迅速的发展，程序设计人员也开始基于一些简单的"操作系统"开发嵌入式应用软件。虽然此时的嵌入式操作系统还比较简单，但已经初步具有了一定的兼容性和扩展性，内核精巧且效率高，大大缩短了开发周期，提高了开发效率。其中比较著名的有Ready System公司的VRTX、Integrated System Incorporation（ISI）的PSOS、QNX公司的QNX和IMG公司的VxWorks等。

（三）实时操作系统

20世纪90年代，随着技术和需求的发展，嵌入式系统的功能和实时性都不断提高。此时，以嵌入式实时操作系统（Real-Time Operation System，RTOS）为核心的嵌入式系统成为主流。这类嵌入式实时操作系统，能运行于各种类型的微处理器上，兼容性好、内核精小、效率高，具有高度的模块化和扩展性。通用的嵌入式实时操作系统通过提供大量的API接口来提升系统的可扩展性和灵活性。另外，通用的嵌入式实时操作系统还具备文件和目录管理、多任务、设备支持、网络支持、图形窗口及用户界面等功能。

这时候更多的公司看到了嵌入式系统的广阔发展前景，开始大力发展自己的嵌入式操作系统；除了上面的几家老牌公司以外，还出现了Palm OS，Win CE，嵌入式Linux，Lynx，Nuclex，以及国内的Hopen，DeltaOs等嵌入式操作系统。

（四）面向互联网的嵌入式系统

进入21世纪，互联网技术与信息家电、工业控制技术等的结合日益紧密，嵌入式技术与互联网技术的结合正在推动着嵌入式系统的飞速发展，这也是"物联网"的思想。

物联网时代，唯嵌入式系统可以承担起物联网繁重的物联任务。在物联网应用中，首要任务是嵌入式系统物联基础上的物联网系统建设。大量的物联网系统开发任务与物联网中嵌入式系统复合人才的培养，都要求嵌入式系统迅速转向物联网。于是便有了如雨后春笋般出现的物联网专业，这些专业不少是原来的嵌入式系统专业。同时，原来的智能家居转身为物联网家居，嵌入式系统实验室转身为物联网实验室。这样的华丽转身有利于投身到物联时代微电子学科、计算机学科、通信学科、电子技术学科、对象学科及IT产业总动员中，积极推动物联网/云计算技术与产业的发展。

三、物联网对嵌入式系统的要求

物联网对嵌入式系统的要求可归纳为以下3条。

（1）嵌入式系统要协助满足物联网三要素，即信息采集、信息传递、信息处理。

（2）嵌入式系统要满足智慧地球提出的"3I"要求，即仪器化、互联化、智能化（Instrumented、Interconnected、Intelligent）。

（3）嵌入式系统要满足信息融合物理系统GPS（全球定位系统）中的"3C"要求，即计算、通信和控制（Computation、Communication、Control）。

根据物联网的要求决定嵌入式系统的发展趋势：其一，嵌入式系统趋向于多功能、低功耗和微型化，如出现智能灰尘等传感器节点、一体化智能传感器；其二，嵌入式系统趋于网络化，由于孤岛型嵌入式系统的有限功能已无法满足需求，面向物理对象的数据是连续的，动态的（有生命周期）和非结构化的制约数据采集，所以面向对象设计、软硬件协同设计、嵌入式系统软硬件打包成模块、开放应用的设计兴起了。

四、嵌入式系统的特点

嵌入式系统具有以下几个重要特征：

（一）系统内核小

由于嵌入式系统一般是应用于小型电子装置，系统资源相对有限，所以内核较传统的操作系统要小得多。比如ENEA公司的OSE分布式系统，内核只有5KB，而Windows的内核则要大得多。

（二）系统精简

嵌入式系统一般不明显区分系统软件和应用软件，不要求其功能设计和实现过于复杂，这样一方面利于控制系统成本，另一方面也利于实现系统安全。

（三）专用性强

嵌入式系统个性化很强，其中软件系统和硬件的结合非常紧密，一般要针对硬件进行系统移植，即使在同一品牌、同一系列产品中也需要根据系统硬件的增减和变化进行不断的修改。

（四）高实时性

高实时性的操作系统软件是嵌入式软件的基本要求。软件代码要求高质量和高可靠性。而且软件要求固化存储，以提高速度。

（五）多任务的操作系统

嵌入式软件开发要想走向标准化，就必须使用多任务的操作系统。嵌入式系统的应用程序可以没有操作系统而直接在芯片上运行；但是为了合理地调度多任务，利用系统资源、系统函数及专家库函数接口，用户必须自行选配实时操作系统开发平台，这样才能保证程序执行的实时性、可靠性，并减少开发时间，保障软件质量。

（六）专门的开发工具和环境

嵌入式系统开发需要专门的开发工具和环境。由于嵌入式系统本身不具备自主开发能力，即使设计完成以后，用户通常也不能对其中的程序功能进行修改，因此必须有一套开发工具和环境才能进行开发，这些工具和环境一般是基于通用计算机上的软硬件设备及各种逻辑分析仪、混合信号示波器等。开发时往往有主机和目标机的概念，主机用于程序的开发，目标机作为最后的执行机，开发时需要交替结合进行。

五、嵌入式系统开发过程

嵌入式系统的一般模型并不足以定义嵌入式系统本身。绝大多数嵌入式系统是用户针对特定的任务而定制的。一个轻量级的嵌入式操作系统，一般是自行开发的。嵌入式开发主要是指采用某种语言（如汇编、C、C++、Java、C#等）在嵌入式软硬件开发环境中进行开发。

本部分从嵌入式系统开发的特点、嵌入式系统开发的一般流程及怎样调试嵌入式系统来了解嵌入式系统开发的整体过程。

（一）嵌入式系统开发特点

1.采用宿主机/目标机方式

嵌入式系统本身不具备自主开发能力，即使设计完成以后用户通常也不能对其中的程序功能进行修改。嵌入式软件以宿主机/目标机模式开发，所需要的开发环境称为交叉开发环境，分为宿主机部分和目标机部分，两者以统一的通信协议进行通信，宿主机向目标机发送命令，目标机接收、执行命令并将结果返回宿主机，从而实现两机之间的交互控制。

2.为了保证稳定性和实时性，选用RTOS开发平台

对简单系统可以采用传统方法，从底层用汇编语言编写程序，利用在线仿真器（In - Circuit Emulator，ICE）、在线调试器（In-Circuit Debugger，ICD）等开发工具进行软件的调试。对于那些复杂的嵌入式系统，需要在优化级可控的情况下预测其运行状态，如果不利用实时操作系统和嵌入式系统开发平台进行开发，是很难甚至是不可能达到预定要求的。为了合理地调度多任务、利用系统资源，用户必须选配RTOS开发平台，这样才能保证程序执行的实时性、可靠性，并减少开发时间，保证软件质量。

3.软件代码具有高质量、高可靠性，生成代码需要固态化存储

嵌入式应用程序开发环境是PC，但运行的目标环境却千差万别，可以是PDA，也可以是仪器设备。而且应用软件在目标环境下必须存储在非易失性存储器中，保证系统在掉电重启后仍然能正常使用。所以，应用软件在开发完成以后，应生成固化版本，都固化在单片机本身或烧写到目标环境的Flash中运行。

（二）嵌入式系统开发流程

嵌入式系统的应用开发是按照一定的流程进行的，一般由5个阶段构成：需求分析、体系结构设计、硬件／软件设计、系统集成和代码固化。各个阶段之间往往要求反复修改，直到最终完成设计目标。

1.需求分析阶段

在需求分析阶段需要分析系统的需求，系统的需求一般分功能需求和非功能需求两方面。根据系统的需求，确定设计任务和设计目标，并提炼出设计规格说明书，作为正式指导设计和验收的标准。

2.体系结构设计

需求分析完成后，根据提炼出的设计规格说明书，进行体系结构的设计。系统的体系结构描述了系统如何实现所述的功能和非功能需求，包括对硬件、软件的功能划分，以及系统的软件、硬件和操作系统的选型等。

3.硬件/软件设计

基于体系结构，对系统的软、硬件进行详细设计。对于一个完整的嵌入式应用系统的开发，应用系统的程序设计是嵌入式系统设计的一个非常重要方面，程序的质量直接影响整个系统功能的实现，好的程序设计可以克服系统硬件设计的不足，提高应用系统的性能，反之，会使整个应用系统无法正常工作。

4.系统集成

把系统中的软件、硬件集成在一起，进行调试，发现并改进单元设计过程中的错误。

5.代码固化

嵌入式软件开发完成以后，大多数要在目标环境的非易失性存储器中运行，程序写入到Flash中固化，保证每次运行后下一次运行无误，所以嵌入式软件开发与普通软件开发相比，增加了固化阶段。

（三）调试嵌入式系统

调试是任何项目开发过程中必不可少的一部分，特别是在软硬件结合非常紧密的嵌入式系统开发中。一般来说，大多数的调试工作是在RAM中进行的，只有当程序完成并能运行后才切换到ROM上。嵌入式系统的调试有多种方法，可分为模拟器方式、在线仿真器（ICE）、监控器方式和在线调试器（ICD）方式。

1.模拟器方式

调试工具和待调试的嵌入式软件都在主机上运行，通过软件手段模拟执行为某种嵌入式处理器编写的源程序。简单的模拟器可以通过指令解释方式逐条执行源程序，分配虚拟存储空间和外设，进行语法和逻辑上的调试。

2.在线仿真器方式

在线仿真器ICE是一种完全仿造调试目标CPU设计的仪器，目标系统对用户来说是完全透明的、可控的。仿真器与目标板通过仿真头连接，与主机有串口、并口、以太网口或USB口等连接方式。该仿真器可以真正地运行所有的CPU动

作，并且可以在其使用的内存中设置非常多的硬件中断点，可以实时查看所有需要的数据，从而给调试过程带来很多便利。由于仿真器自成体系，调试时可以连接目标板，也可以不连接目标板。

使用ICE同使用一般的目标硬件一样，只是在ICE上完成调试后，需要把调试好的程序重新下载到目标系统上而已。由于ICE价格昂贵，而且每种CPU都需要一种与之对应的ICE，使得开发成本非常高。

3.监控器方式

主机和目标板通过某种接口（通常是串口）连接，主机上提供调试界面，被调试程序下载到目标板上运行。

监控程序是一段运行于目标机上的可执行程序，主要负责监控目标机上被调试程序的运行情况，与宿主机端的调试器一起完成对应用程序的调试。监控程序包含基本功能的启动代码，并完成必要的硬件初始化，等待宿主机的命令。被调试程序通过监控程序下载到目标机，就可以开始进行调试。监控器方式操作简单易行，功能强大，不需要专门的调试硬件，适用面广，能提高调试的效率，缩短产品的开发周期，降低开发成本。正因为以上原因，监控器方式才能够广泛应用于嵌入式系统的开发之中。

监控器调试主要用于调试运行在目标机操作系统上的应用程序，不适宜用来调试目标操作系统。有的微处理器需要在目标板工作正常的前提下，事先设置监控程序，而且功能有限，特别是硬件调试能力较差。

4.在线调试器方式

使用在线调试器ICD和目标板的调试端口连接，发送调试命令和接收调试信息，可以完成必要的调试功能。一般情况下，在ARM芯片的开发板上采用JTAG边界扫描口进行调试。摩托罗拉公司采用专用的BDM调试接口。

使用合适的开发工具可以利用这些接口。例如，ARM开发板，可以将JTAG调试器接在开发板的JTAC口上，通过JTAG口与ARM处理器核进行通信。由于JTAC调试的目标程序是在目标板上执行，仿真更接近于目标硬件，因此许多接口问题，如高频操作限制、电线长度的限制等被最小化了。该方式是目前采用最多的一种调试方式。

第四节 物联网时代的人才需求与人才培养

半导体集成电路诞生后，人类知识应用出现了根本变化。社会生产力由资本生产力变革到知识生产力，知识的力量也由人类个体转向具有知识行为能力的知识平台。没有知识的人借助知识平台能产生专家的知识行为能力。过去高校学生将"学好数理化，走遍天下都不怕"奉为圣典，如今，仅有知识不行，必须有相应的知识平台相助，这导致物联网时代人才教育思想的重大变革。

一、知识经济时代人才需求的根本变革

社会人才需求是社会生产力的人才需求，社会生产力的基本结构是"劳动者+工具"。社会生产力结构中"劳动者"与"工具"的动态变化，导致社会生产力的变革。随着工具的不断进步，劳动者在社会生产力中的地位与作用不断下降。

人类社会生产力经历了三个发展阶段，即手工工具的劳动生产力阶段、机械化工具的资本生产力阶段与智能化工具的知识生产力阶段。劳动生产力对应于封建经济社会，资本生产力对应于资本经济社会，知识生产力对应于知识经济社会。劳动生产阶段，劳动者处于主导地位，工匠式人才是社会生产力中最重要的社会人才需求；资本生产力阶段，劳动者与机械化工具处于对等的、不可分离的状态，机械化工具代替了劳动者的体力劳动，知识型人才（工人与工程师）成为社会生产力中最重要的社会人才需求；知识生产力阶段，具有知识与知识行为的智能化工具代替了劳动者的脑力劳动，普通劳动者在社会生产力中被边缘化。随着广义智能化工具——知识平台的普及，知识平台分工下的分离型人才结构（精英与普通大众的山寨化人才结构）决定了知识经济时代基本的人才需求。

知识经济时代，借助于半导体集成电路、微处理器、现代计算机技术，将专家"认识世界"的创新知识转化成知识平台，众多的百姓在知识平台基础上傻瓜化地"改造世界"。资本经济时代，是学好数理化走遍天下都不怕的时代；知

识经济时代则是一个选好知识平台走遍天下都不怕的时代。这就是这个时代背景下人才需求的大环境。研究物联网时代的人才需求与人才培养时，要充分重视知识平台分工下的社会人才需求。

二、以知识平台为中心的人才需求

以知识平台为中心的人才需求结构，是知识经济时代人才需求的大环境。这是一种以知识平台为中心，知识创新与创新知识应用彻底分离的人才需求结构，或俗称山寨化的人才结构。

（一）什么是知识平台？

知识平台是集成了专家知识成果与知识行为的广义智能化工具。知识平台有三种形式：集成电路型、计算机软件型与智能化工具型。

所有的集成电路都是电路知识成果与一维知识行为能力，微处理器基础上的新型SoC集成了模拟电路、数字电路专家知识成果与多维知识行为能力。使用集成电路的电子工程师不再需要了解集成电路中的电路知识原理，也不需要有将知识成果转化成知识行为的能力。

计算机软件型知识平台，是在计算机上运行的各种软件，有各种类型的办公软件、管理软件、科学分析/计算软件、咨询系统、专家系统软件等。

智能化工具型知识平台，是内部嵌有微处理器的各种类型的智能化工具，如电子计算器、超市收银机、手机等。

（二）知识平台的知用分离性

知识的力量表现为知识的行为力量。"知识就是力量"是16世纪英国哲学家培根的名言。他把人的知识和人的知识行为力量结合为一体，认为知识的力量是知识者的力量，人们深信不疑。因为人们认为只有人类个体才拥有知识与将知识转化成知识行为的能力。这是一种过时的观念，首先，知识不仅存在于人类个体的大脑中、记录在书本上，还存在于人类工具（从原始工具到现代化工具）中；其次，知识行为能力不是人类个体所专有，自动化工具与半导体集成电路中有一维知识行为能力，微处理器基础上的知识平台有超越人类个体的多维知识行为能力。

由此可见，知识、知识行为能力是可以和人类个体分离的。分离后知识、知识行为能力集成在知识平台中，这就是知识平台的知用分离性。知识平台的知

用分离性表明，没有专家知识的人，可以依靠知识平台展现出专家的知识行为能力。比如，没有数学知识的人依靠计算器可进行数值计算，甚至函数计算；没有电路知识的人，可以借助集成电路、集成开发环境开发出数据采集系统；不懂得商品计价、货款结算的人，借助收银机可以当收银员；没有电子工程师的乡镇企业，可以生产出VCD/DVD机。

知识、知识行为与人类个体分离后，人类个体在没有相关知识的状态下，可以产生空前的知识行为力量。这将极大地改变人类社会知识需求结构与人类需求的人才培养道路。

（三）知识平台的山寨化人才结构

半导体集成电路诞生后，微处理器基础上的现代计算机知识革命的知识平台，以山寨化方式，开始了人类知识应用的革命。笔者在《从资本经济到知识经济》《知识学原理》中，把这种革命形容成知识的傻瓜化应用与劳动者在社会生产力中的边缘化。

"山寨化"一词源于山寨化手机。山寨化手机横空出世，在手机界、媒体界，甚至学术界引起了激烈讨论。实际上，半导体集成电路诞生以来，人人都从事山寨化的知识应用，人人都从中获益，习以为常。VCD/DVD的山寨化产业现象无人质疑，甚至还出现半导体厂家向乡镇企业收取专利使用费的怪现象。只是山寨手机出现后，侵犯了传统手机集团的利益，便集体讨伐。

对山寨手机的讨伐的根本错误在于不了解知识平台下山寨化的新兴产业模式，只看到了山寨手机商，没看到联发科创造的手机平台。山寨手机产业是"联发科手机平台+手机整合制造商"的先进产业模式。

山寨化是知识平台分工下，知识创新与创新知识应用彻底分离的现象。"精英+草民"是山寨化的知识应用的经典结构。从事知识创新的精英，将创新知识成果转化成知识平台，不从事知识应用；从事知识应用的草民，在知识平台基础上实现知识成果的傻瓜化应用。

由于知识平台具有可无限复制的商品化特征，理论上讲，全世界只要有一个创新知识成果并转化成知识平台，便可为全球草民使用，由此形成知识平台创新与知识平台应用人才数量上的极大反差。况且，精英在从事知识创新与平台转化中会使用许多知识平台工具，他们在使用这些工具中也会扮演草民的角色。

三、物联网时代的人才需求环境

物联网时代的人才需求，既有知识经济时代知识应用分离的大环境影响因素，又有物联网小环境的影响因素。

（一）人才需求的大环境因素

物联网时代人才需求的大环境，是以知识平台为中心，知识平台产业与知识平台应用产业的全球化分工格局。少数人从事知识创新，并将创新知识转化成知识平台，大部分人在知识平台基础上从事创新知识应用。30多年来，知识平台产业与知识平台应用产业全球化分工格局业已形成，知识平台产业开始形成了垄断性发展趋势。PC机领域早已形成，未来智能手机领域也会跟进。在IT产业的相关的科技领域，芯片平台、智能手机平台、开发工具平台、基础软件平台等，依靠大型垄断企业的局面不易改变。留给一般高校、科技院所的空间，主要是知识平台基础上的行业应用，在应用中创新。

（二）人才需求的小环境因素

人才需求的小环境因素，是指现阶段物联网领域技术发展对人才需求的影响。具体体现在：物联网时代多学科交叉融会对复合型人才的需求以及后硬件时代对软件人才的全面需求。

（三）人才培养的严峻挑战

从半导体集成电路诞生算起，不到百年的知识经济时代已进入中年时期。以知识平台为中心的产业模式业已成熟，人类社会山寨化人才需求的格局已经显现。目前，高等学校的通才教育模式无法适应山寨化人才需求。在知识创新与创新知识应用彻底分离的状况下，要求高等院校在规划上要适应少数知识创新人才教育与大量创新知识应用人才的教育格局。

此外，当资本经济时代的资本生产力转移到知识经济时代的知识生产力后，知识成果的行为力量已经转入知识平台，在知识平台基础上从事创新知识应用的人不需要了解创新知识成果；即使是从事知识创新的人，也会傻瓜化地使用众多的知识平台。因此，传统的、以技术知识为中心的教育思想必须改变，必须将技术、方法、观念的重点顺序颠倒过来，变成观念第一、方法第二、技术第三。

四、多学科的物联网人才培养

物联网是多个学科交叉融合的产物，物联网发展要求有跨学科的复合型人才。物联网的每个相关学科都是强势学科，有坚实的学科基础，都在本学科的基础上为物联网技术发展做贡献。因此，在每个相关学科中，都应有物联网的人才培养规划与具体措施。

目前，物联网专业设置集中在高校的计算机、电子技术、通信技术及其相关学院中，特别是原来有嵌入式系统专业的部门捷足先登。这是因为嵌入式系统在物联网中的特殊地位，以及嵌入式系统专业与物联网专业相近的内容。

在中国物联网人才培养中，要充分认识人才培养的大环境与物联网人才培养的现实环境。大环境是知识经济时代知识平台基础上知识创新与创新知识应用的彻底分离；小环境是全球化知识平台的分工格局业已形成，短期内局面很难改变，必然导致中国在物联网领域中以物联网技术应用为主的局面。

物联网技术应用为主的人才需求与人才培养是中国物联网专业的定位与目标。知识平台的分工格局，要求相关的物联网专业培养物联网系统的整合型人才。在高校物联网人才培养中，坚持"观念、方法"优先的教育思想，通晓知识平台的应用模式与不断涌现的知识平台新技术；在高职、高专的教育中，要注重培养物联网系统的构建技术能力。考虑到嵌入式系统在现代计算机知识革命"半边天"的地位与作用，嵌入式系统学科建设不可丢弃。因此，在技术、电子技术学科中应保持一定数量的嵌入式系统专业，与物联网专业并存。前者承担嵌入式系统专业建设，后者为物联网应用服务，实现嵌入式系统人才与物联网人才互补与并举。

在知识经济时代、知识力量的根本性变革时代、突出了知识平台专家知识力量的时代里，社会的普适教育环境必须从"知识学习"转变到"方法学习"上来。

五、后硬件时代的软件人才需求

物联网时代，可能是IT产业的后硬件时代。物联网的智慧地球、云计算的服务计算表明，与物联网相关的所有领域，都将进入到软件人才急需的时代。

（一）后硬件时代到来

长期以来，硬件都是用户部门、产品开发部门的一项重要技术任务。随着大规模集成电路、SoC、模块化技术、FPGA/CPLD定制技术的发展，产品的硬件技术将逐渐走向平台化而进入后硬件时代。后硬件时代，硬件技术平台化的基础是半导体集成电路归一化的时空量子化技术，它将众多的IT产品归纳成有限多个标准硬件平台。后硬件时代，硬件技术任务将从产品开发领域转向集成电路领域，或第三方独立的产品平台商。

后硬件时代，硬件人才需求下降，软件人才的需求急剧上升。硬件平台化、软件个性化是后硬件时代IT产品开发的主要技术特征。

（二）后硬件时代的人才需求

后硬件时代，物联网领域硬件技术人才需求急剧下降，系统整合型人才需求上升，软件人才成为各相关学科产业领域中普遍旺盛的人才需求，诸如集成电路产业中的软件集成的配套人才、嵌入式系统中的嵌入式应用软件人才、计算机领域中集成开发环境的软件人才、对象学科领域中的对象系统软件人才等。物联网智慧地球的智慧方式、云计算的计算服务，都需要大批软件技术人才。

后硬件时代，许多IT类产品都会走向相关硬件平台上的个性化设计，许多产品的个性化设计体现在软件设计中。

第五节　物联网的前沿技术与国家工程建设

一、物联网时代的机遇

物联网/云计算时代是一个无人化的普适服务时代。超高水平、超高速发展的社会生产力与无人化的普适服务，给全人类带来极大机遇。

（一）知识生产力的机遇

知识平台基础上高度发展的社会生产力，可以在大幅度减少劳动岗位的基础上，提高社会生产、服务能力。社会生产力的增长不再依靠劳动人口的增长，从根本上缓解了人口老龄化的社会经济发展问题。在劳动人口数量绝对下降的老

龄化社会，平均财富的增加速度足以满足社会全体的需求。

（二）无人化体系的安全性机遇

物联网/云计算时代，无论是生产体系，还是服务体系都逐渐进入到无人化状态。高可靠的集成电路、软件技术基础上的无人化体系，大大降低了原先有人体系中的人为失误概率。十多年前，一些先进的医疗机构就已经实行医生处方的计算机复核，消除了医生处方的人为错误。台大医院错将艾滋病人器官移植给五名健康病人，系人为信息传递出错，如果采用无人化信息服务系统便可杜绝此类事故发生。物联网/云计算时代无人化体系的普及，提高了社会总体安全性。

（三）无人化服务的结构性清廉机遇

一个完整的物联网系统，是一个无人化服务系统，系统中具有完善的全流程监管体系。这些电子化流程与监管体系都实现了无缝连接的一站式服务，另外，物联网系统还实现了无歧视的平等与公正的普适服务，彻底根除了有人化系统中的结构性腐败土壤。

（四）全民平等的普适服务机遇

互联网技术的普适性，使物联网/云计算的计算服务也带有普适服务的特点，使全民的物联网/云计算服务资源平等与公正地服务于全体人民。物联网/云计算应用系统中软件的巨大扇出能力（即无成本限制的复制能力），使系统中单个服务费用降至最低，人人都用得起。

二、物联网时代的挑战

物联网/云计算极大地改变了社会的生产方式与生活方式，在充满机遇的同时，也带来巨大的挑战。

（一）无人化系统普及的劳动岗位丧失

服务业兴起，是现代化社会的重要特征，衍生出大量的工作岗位。传统产业由于生产效率的不断提高导致就业岗位数量绝对下降，服务业兴起，在一定程度上缓和了这种下降趋势。物联网/云计算的无人化服务体系，无情地吞噬了大量的服务工作岗位。由于全球化扇出效应，物联网/云计算产业所能产生的新兴工作岗位极为有限，并集中在知识产业国家，普通劳动者的岗位会急剧减少。

（二）虚实世界交互的法律建设

虚拟世界不透明的运营环境与快速变化的特点，使真实世界原有的法律体系很难移植到虚拟世界，虚拟世界成为法律与道德的薄弱地区。物联网/云计算是虚实交互的社会经济体系与社会生活体系，恶意软件的入侵成为新兴的罪恶土壤，急需开展新形势下的法律、法规建设，例如物联网/云计算中的时空定位标准体系建设、有效证券电子化的公证体系制度、物联网系统中的公平性评估等，以及物联网/云计算运营中的安全、隐私、公平、可靠性的法律保障。

（三）智能化社会生活方式的挑战

集成电路诞生以前，人类的个体的知识力量，体现在知识的占有与知识到能力的转化中。集成电路诞生以后，情况发生了变化。物联网/云计算时代，人类实现了智慧地球的智慧生活方式。在这种生活方式中，人人依靠物联网与云计算中存储的知识，以及知识到能力的转化，展现出自己巨大的知识力量。这是一种外部条件下的知识力量，这种知识力量不再依靠人类个体对知识的占有，以及从知识到行为的转化，必然会冲击现行的知识教育体系与人类智力的正常进化。

三、物联网时代的前沿技术

物联网是多个强势学科交叉融合的产物，物联网时代是IT产业、科技的总动员时代，许多前沿技术都体现了这种发展趋势。

（一）RFID的智能化与普适化

物联网中，RFID是物理信息感知的重要途径。RFID的智能化，使RFID从单向信息识别扩展到双向信息交互。例如，物联网超市中，顾客可以用智能手机与货架中安放的智能卡实现双向交互，了解商品源头、品质、技术特点、价格、有无价格优惠等信息，随后顾客告知购买量、可接受价位，继而确定是否成交。随着智能电子标签成本不断下降、智能手机的普及和RFID技术水平的不断提高，这种双向信息交互与信息管理技术会逐渐成为重要的普适服务内容。

（二）智能手机的归一化交互

在物联网/云计算的无人化服务体系中，唯一的服务对象是人。人与服务环境的交互必须有一个法定的交互手段。服务体系、服务环境的多样性、复杂性、实时性，要求有与之匹配的归一化、便携式的人机交互平台。从2G时代到3G时

代，手机已从通信领域走向商务（交易、支付、信息查询等）领域，4G时代的智能手机将成为物联网/云计算的无人化服务体系中唯一的人机交互平台。这种人机交互平台不仅是物联网/云计算时代服务对象本人的需求，也将成为国家对社会成员个体特殊服务的重要渠道。届时，智能手机可能成为国家认定的、唯一具有公证效能的服务平台。

（三）专家系统的软件集成

1997年国际商用机器公司（IBM）的深蓝电脑战胜世界棋王卡斯帕罗夫，2011年沃森电脑挑战智力竞答成功，2016年AlphaGo以总比分4比1战胜李世石，2017年AlphaGo在人机大战团体赛中战胜陈耀烨、时越、芈昱廷、唐韦星、周睿羊，表明人工智能领域专家系统的软件集成技术已进入成熟时期。随着计算机智力平台硬件技术的进步，各种专家系统软件会成为物联网/云计算中的人工大脑。依靠医疗专家海量的医疗信息，集成出顶级医疗专家系统，可以承担物联网医院顶级全科医生的疾病问诊、咨询、诊断、处方等工作。专家系统软件（含专家知识库）低成本的无限复制，使人人都能享受顶级的专家服务。

（四）智能电网的物联技术

电力网有悠久的历史，电力载波通信在攻克诸多技术难关后，已成为智能电网的重要通信手段。由于所有电器设备在电网中形成天然的用电网络，构成了智能电网得天独厚的物联条件。例如，通过智能电网，可以控制家居中的所有家用电器。家用电表可以通过电源线采集用电数据，上传到变电站信息中心，直接完成电表的抄表任务；变电站信息中心可以给家用电器设定应用模式，提供最佳运行、控制算法，供用户选用。嵌入式系统的物联技术在智能电网中将开辟出一个新的天地。

四、物联网时代的国家工程建设

物联网时代是社会生活方式发生巨大变化的时代，必须有一些重大的国家工程项目与之配套。其中，有一些是物联网应用中必须解决的重大技术项目，如全球定位系统（GPS）时空参数的国家公证工程建设、有效证券电子化的国家认证工程建设；有些是关于国计民生的法律体系建设与重大公共工程建设，如物联网医院、物联网图书馆、物联网教育体系建设等项目。

（一）标准时空参数的国家工程建设

物联网事件中有两个重要的事件参数，即时间、空间参数。在物联网无人化的服务体系中，必须有一个对物联网事件发生的时间、地点进行客观、公正的认定。有了准确、可靠、具有法律公证身份的时空参数，才能确定物联网事件的真实、可靠。目前，GPS时空定位技术已经成熟，足以满足物联网事件对时空参数标定的精度要求。在物联网时代，政府应及时做好时间、空间定位标准的国家工程建设。

在时间标准建设上，应统一时间标准，普及标准计时工具，使标准时间具有法律公证效能。目前，广播电台整点授时、天文台天文授时、GPS时空定位都能满足标准时间的精度要求；半导体产业部门也能提供相应低价位的计时模块。政府应及时制定标准时空工具以及法律认证的相应法规。

智能手机中，GPS功能是一项重要的技术内容。在以智能手机为唯一交互手段的物联网应用系统中，智能手机能提供准确的标准时空数据。届时，智能手机还须提供与持有者的耦合状态信息。

（二）有效证券电子化的国家工程建设

电子化是物联网/云计算应用的重要手段，电子化云存储是云计算应用的重要内容。有效证券电子化已无技术障碍，身份证的远程认定技术已在银行系统中使用，人们可在网上查找相关学历证书，网上交易可使用电子化货币等，都是有效证券电子化的应用，但目前在实际生活中仍以介质性证券为主要使用方式。

有效证券电子化，是有效证券的未来发展方向。有效证券电子化，以及安全的云存储环境，有望消除滋生罪恶的土壤。有效证券电子化国家认证工程建设包括：有效证券电子化手段，有效证券的国家数据库（云存储、云私密、云安全），有效证券云存储的输入、认证、安全系统，以及有效证券持有者的身份验证体系，电子化有效证券的法律认证体系建设等。

（三）物联网应用中的法律体系建设

物联网是虚实交互的经济体系、社会体系、产业体系，虚拟世界的黑箱性造就了滋生罪恶的土壤。许多的物联网事件都是具体的经济行为、社会行为、产业行为，必须有法律制度加以约束，物联网法律体系的建设刻不容缓。物联网法律体系的建设有虚拟世界的行为规范、物联网事件时空公证、有效证券认证的法

律制度建设，实名制诚信体制与监管体系的建设等。

（四）重大公共工程建设

在物联网基础上，可兴建起众多大型的公共工程建设项目。由于物联网系统的普适服务的特点、公共工程资源的巨大扇出效应，这些公共资源可供全民平等享用，如物联网教育体系、医疗体系、云存储工程、无商业利益的公共数据库建设等。政府出资建设的公共服务体系可以免受市场经济干扰，提供真实、客观、公正的普适服务。

第二章

物联网的体系构架

物联网通常被认为有三个层次，从下到上依次是感知层、网络层和应用层。如果拿人来比喻的话，感知层就像人的皮肤和五官，用来识别物体，采集信息；网络层则像人的神经系统，将信息传递到大脑进行处理；应用层类似人们从事的各种复杂的事情，完成各种不同的应用。

第一节 物联网的组成结构

一、物联网硬件平台组成

物联网是以数据为中心的面向应用的网络，主要完成信息感知、数据处理、数据回传以及决策支持等功能，其硬件平台可由传感网、承载网和信息服务系统等几大部分组成。其中，传感网包括感知节点（数据采集、控制）和末梢网络（汇聚节点、接入网关等）；核心承载网为物联网业务的基础通信网络；信息服务系统硬件设施主要负责信息的处理和决策支持。

（一）感知节点

感知节点由各种类型的采集和控制模块组成，如温度传感器、声音传感器、振动传感器、压力传感器、RFID读写器、二维码识读器等，完成物联网应用的数据采集和设备控制等功能。

感知节点包括四个基本单元：传感单元（由传感器和模数转换功能模块组成，如RFID、二维码识读设备、温感设备）、处理单元（由嵌入式系统构成，包括微处理器、存储器、嵌入式操作系统等）、通信单元（由无线通信模块组成，实现末梢节点间以及与汇聚节点的通信）以及电源/供电部分。感知节点综合了传感器技术、嵌入式计算技术、智能组网技术及无线通信技术、分布式信息处理技术等，能够通过各类集成化的微型传感器协作地实时监测、感知和采集各种环境或监测对象的信息，通过嵌入式系统对信息进行处理，并通过随机自组织无线通信网络以多跳中继方式将所感知的信息传送到接入层的基站节点和接入网关，最终到达信息应用服务系统。

（二）末梢网络

末梢网络即接入网络，包括汇聚节点、接入网关等，完成应用末梢感知节点的组网控制和数据汇聚，或完成向感知节点发送数据的转发等功能。也就是在感知节点之间组网之后，如果感知节点需要上传数据，则将数据发送给汇聚节点（基站）；汇聚节点收到数据后，通过接入网关完成和承载网络的连接。当用户应用系统需要下发控制信息时，接入网关接收到承载网络的数据后，由汇聚节点将数据发送给感知节点，完成感知节点与承载网络之间的数据转发和交互功能。

感知节点与末梢网络承担物联网的信息采集和控制任务，构成传感网，实现传感网的功能。

（三）核心承载网络

核心承载网络可以有很多种，主要承担接入网与信息服务系统之间的数据通信任务。根据具体应用需要，承载网络可以是公共通信网，如3G/4G移动通信网、WiFi、WiMAX、SDN、互联网以及企业专用网，甚至是新建的专用于物联网的通信网。

（四）信息服务系统硬件设施

物联网信息服务系统硬件设施由各种应用服务器（包括数据库服务器）组成，还包括用户设备（如PC、手机）、客户端等，主要是对采集数据的融合／汇聚、转换、分析，以及用户呈现的适配和事件的触发等。对于信息采集，从感知节点获取的大量原始数据，对于用户来说只有经过转换、筛选、分析处理后才有实际价值。对这些有实际价值的信息，由服务器根据用户端设备进行信息呈现的适配，并根据用户的设置触发相关的通知信息；当需要对末端节点进行控制时，信息服务系统硬件设施生成控制指令，并发送到末端节点对其进行控制。针对不同的应用，将设置不同的应用服务器。

二、物联网软件平台组成

在构建一个信息网络时，硬件往往被作为主要因素来考虑，软件仅在事后才考虑；但现在人们已不再这样认为。网络软件目前是高度结构化、层次化的，物联网系统也是这样，既包括硬件平台也包括软件系统，软件是物联网的神经系统。不同类型的物联网，用途不同，其软件系统也不相同，但软件系统的实现技

术与硬件平台密切相关。相对于硬件技术而言，软件开发及实现更具有特色。一般说来，物联网软件系统建立在分层的通信协议体系之上，通常包括信息感知系统软件、中间件系统软件、网络操作系统（包括嵌入式系统）、物联网管理信息系统（Management Information System，MIS）等。

（一）信息感知系统软件

信息感知系统软件主要完成物品的识别和物品EPC的采集和处理，主要由企业生产的物品、物品电子标签、传感器、读写器、控制器、物品代码（EPC）等部分组成。存储有EPC的电子标签在经过读写器的感应区域时，物品的EPC会自动被读写器捕获，从而实现EPC信息采集的自动化，采集的数据交由上位机信息采集软件进行进一步处理，如数据校对、数据过滤、数据完整性检查等，这些经过整理的数据可以为物联网中间件、应用管理系统使用。对于物品电子标签国际上多采用EPC标签，用PML语言来标记每一个实体和物品。

（二）中间件系统软件

中间件是位于数据感知设施（读写器）与在后台应用软件之间的一种应用系统软件。中间件具有两个关键特征：一是为系统应用提供平台服务，这是一个基本条件；二是需要连接到网络操作系统，并且保持运行工作状态。中间件为物联网应用提供一系列计算和数据处理功能，其主要任务是对感知系统采集的数据进行捕获、过滤、汇聚、计算，并进行数据校对、解调、数据传送、数据存储和任务管理，减少从感知系统向应用系统中心的数据传送量。同时，中间件还可提供与其他RFID支撑软件系统进行互操作等功能。引入中间件使得原先后台应用软件系统与读写器之间非标准的、非开放的通信接口，变成了后台应用软件系统与中间件之间，读写器与中间件之间的标准的、开放的通信接口。

一般，物联网中间件系统包含有读写器接口、事件管理器、应用程序接口、目标信息服务和对象名解析服务等功能模块。

1.读写器接口

物联网中间件必须优先为各种形式的读写器提供集成功能。协议处理器确保中间件能够通过各种网络通信方案连接到RFID读写器。RFID读写器与其应用程序间通过普通接口相互作用的标准，大多数采用由EPC - global组织制定的标准。

2.事件管理器

事件管理器用来对读写器接口的RFID数据进行过滤、汇聚和排序操作，并通告数据与外部系统相关联的内容。

3.应用程序接口

应用程序接口是应用程序系统控制读写器的一种接口。中间件还要能够支持各种标准的协议，如支持RFID以及配套设备的信息交互和管理。同时，还要屏蔽前端的复杂性，尤其是前端硬件（如RFID读写器等）的复杂性。

4.目标信息服务

目标信息服务由两部分组成：一是目标存储库，用于存储与标签物品有关的信息并使之能用于以后查询；二是服务引擎，提供由目标存储库管理的信息接口。

5.对象名解析服务

对象名解析服务（ONS）是一种目录服务，主要是将每个带标签物品分配的唯一编码与一个或多个拥有关于物品更多信息的目标信息服务的网络定位地址进行匹配。

（三）网络操作系统

物联网通过互联网实现物理世界中的任何物件的互联，在任何地方、任何时间可识别任何物件，使物件成为附有动态信息的"智能产品"，并使物件信息流和物流完全同步，从而为物件信息共享提供一个高效、快捷的网络通信和云计算平台。

（四）物联网管理信息系统

物联网也要管理，类似于互联网上网络管理。目前，物联网大多是基于SMNP建设的管理系统，这与一般的网络管理类似。提供名称解析服务（ONS）是很重要的。名称解析服务类似于互联网的DNS，要有授权，并且有一定的组成架构。它能把每一种物件的编码进行解析，再通过URL服务获得相关物件的进一步信息。

物联网管理机构包括企业物联网信息管理中心、国家物联网信息管理中心以及国际物联网信息管理中心。企业物联网信息管理中心负责管理本地物联网。这是最基本的物联网信息服务管理中心，为本地用户单位提供管理、规划和解析

服务。国家物联网信息管理中心负责制定和发布国家总体标准，负责与国际物联网互联，并且对现场物联网管理中心进行管理。国际物联网信息管理中心负责制定和发布国际框架性物联网标准，负责与各个国家的物联网互联，并且对各个国家物联网信息管理中心进行协调、指导、管理等工作。

第二节 感知层

一、感知层功能

物联网在传统网络的基础上，从原有网络用户终端向"下"延伸和扩展，扩大通信的对象范围，即通信不仅仅局限于人与人之间的通信，还扩展到人与现实世界的各种物体之间的通信。

这里的"物"并不是任何自然物品，而是要满足一定的条件才能够被纳入物联网的范围，如有相应的信息接收器和发送器、数据传输通路、数据处理芯片、操作系统、存储空间等，遵循物联网的通信协议，在物联网中有可被识别的标识。现实世界的物品未必能满足这些要求，需要特定的物联网设备的帮助才能满足以上条件，并加入物联网。物联网设备具体来说就是嵌入式系统、传感器、RFID等。

物联网感知层解决的就是人类世界和物理世界的数据获取问题，包括各类物理量、标识、音频、视频数据。感知层处于三层架构的最底层，是物联网发展和应用的基础，具有物联网全面感知的核心能力。作为物联网的最基本一层，感知层具有十分重要的作用。

感知层一般包括数据采集和数据短距离传输两部分，即首先通过传感器、摄像头等设备采集外部物理世界的数据，通过蓝牙、红外、ZigBee（即IEEE 802.15.4协议）、工业现场总线等短距离有线或无线传输技术协同工作传递数据到网关设备，也可以只有数据的短距离传输这一部分，特别是在仅传递物品识别码的情况下，实际上，感知层这两个部分有时难以明确区分开。此处的短距离传输技术，指蓝牙、ZigBee这类传输距离小于10 cm、速率低于1 Mbit/s的中低速无线短距离传输技术。

二、感知层相关技术

感知技术是指能够用于物联网底层感知信息的技术，它包括RFID与RFID读写技术、传感器与传感器网络、机器人智能感知技术、遥测遥感技术以及IC卡与条形码识读技术等。

（一）传感器的定义和组成

当今社会正由高度工业化社会向信息化社会过渡，21世纪是一个信息化的时代，传感器与传感器技术的重要性尤为突出。信息社会的特征是人类社会活动和生产活动的信息化。传感器是信息采集系统的首要部件，可以认为，它既是现代信息技术系统的源头活"感官"，又是信息社会赖以存在和发展的物质与技术基础。

传感器也称换能器、变换器、变送器、探测器等。根据国家标准GB 7665–1987，传感器的定义是：能够感受规定的被测量并按照一定的规律转换成可用输出信号的器件或装置，由敏感元件、转换元件、测量电路3部分组成，有时还需外加辅助电源。

其中，敏感元件是指传感器中能直接感受或响应被测量并输出与被测量成确定关系的其他量（一般为非电量）部分，如应变式压力传感器的弹性膜片就是敏感元件，它将被测压力转换成弹性膜片的变形；转换元件是指传感器中能将敏感元件中感受或响应的被测量转换成适合传输或测量的可用输出信号（一般为电信号）部分，如应变式压力传感器中的应变片就是转换元件，它将弹性膜片在压力作用下的变形转换成应变片电阻值的变化。如果敏感元件直接输出电信号，则这种敏感元件同时作为转换元件，如热电偶将温度变化直接转换成热电势输出。

由于传感器输出的电信号一般比较微弱，而且存在非线性和各种误差，为了便于信号的处理，传感器还应配以适当的信号调理电路，将传感器输出电信号转换成便于传输、处理、显示、记录和控制的有用信号。常用的电路有电桥、放大器、振荡器、阻抗变换、补偿等。如果传感器信号经信号调理后的输出信号为规定的标准信号（0~10 mA，4~20 mA；0~5 V，0~10 V），通常称为变送器，如热电偶温度变送器可将热电偶的热电势放大、线性矫正和冷端补偿后输出需要

的标准信号。特别是两线制电流型的变送器，以20 mA表示信号的满度值，而以此满度值的20%即4 mA表示零信号，这种"活零点"的安排，有利于识别仪表断电、断线等故障，应用更广泛。

（二）传感器的分类

传感器的种类繁多，原理各异，检测对象几乎涉及各种参数，通常一种传感器可以检测多种参数，一种参数又可以用多种传感器测量。所以传感器的分类方法至今尚无统一规定。

常见的有以下几种分类方式：

（1）按传感器的检测信息来分，可分为光敏、热敏、力敏、磁敏、气敏、湿敏、压敏、离子敏和射线敏等传感器。

（2）按转换原理可分为物理传感器、化学传感器和生物传感器。

（3）按其输出信号可分为模拟传感器、数字传感器和开关转换器。

（4）按传感器使用的材料可分为半导体传感器、陶瓷传感器、复合材料传感器、金属材料传感器、高分子材料传感器、超导材料传感器、光纤材料传感器、纳米材料传感器等。

（5）按能量转换可分为能量转换型传感器和能量控制型传感器。

（6）按照其制造工艺，可以将传感器分为集成传感器、薄膜传感器、厚膜传感器、陶瓷传感器等。

（三）传感器的应用

随着现代科学技术的高速发展，人们生活水平的迅速提高，传感器技术越来越受到普遍的重视，它的应用已渗透到国民经济的各个领域。

1.在工业生产过程的测量与控制方面的应用

在工业生产过程中，必须对温度、压力、流量、液位和气体成分等参数进行检测，从而实现对工作状态的监控；诊断生产设备的各种情况，使生产系统处于最佳状态，从而保证产品质量，提高效益。目前传感器与微机、通信等的结合，使工业监测自动化，具有准确、效率高等优点。如果没有传感器，现代工业化生产程度将会大大降低。

2.在汽车电控系统中的应用

随着人们生活水平的提高，汽车已逐渐走进千家万户。汽车的安全舒适、低污染、高燃率越来越受到社会的重视。而传感器在汽车中相当于感官和触角，只有它才能准确地采集汽车工作状态的信号，提高自动化程度。汽车传感器主要分布在发动机控制系统、底盘控制系统和车身控制系统中。普通汽车上装有10~20只传感器，而有些高级豪华汽车使用的传感器多达300个，因此传感器作为汽车电控系统的关键部件，将直接影响汽车技术性能的发挥。

3.在现代医学领域的应用

社会的飞速发展，需要人们快速、准确地获取相关信息。医学传感器作为拾取生命体征信息的五官，它的作用日益显著，并得到广泛应用。例如，在图像处理，临床化学检验，生命体征参数的监护监测，呼吸、神经、心血管疾病的诊断与治疗等方面，使用传感器十分普遍，传感器在现代医学仪器设备中已无所不在。

4.在环境监测方面的应用

近年来，环境污染问题日益严重，人们迫切希望拥有一种能对污染物进行连续、快速在线监测的仪器，传感器满足了人们的要求。目前，已有相当一部分生物传感器应用于环境监测中，如大气环境监测。一氧化硫是酸雨酸雾形成的主要原因，传统的检测方法很复杂。如今将亚细胞类脂类固定在醋酸纤维膜上，和氧电极制成安培型生物传感器，可对酸雨酸雾样品溶液进行检测，大大简化了检测方法。

5.在军事方面的应用

传感器技术在军用电子系统的运用，促进了武器、作战指挥、控制、监视和通信方面的智能化。传感器在远方战场监视系统、防空系统、雷达系统、导弹系统等方面，都有广泛的应用，是提高军事战斗力的重要因素。

6.在家用电器方面的应用

20世纪80年代以来，随着以微电子为中心的技术革命的兴起，家用电器正向自动化、智能化、节能、无环境污染的方向发展。自动化和智能化的中心就是研制由微型计算机和各种传感器组成的控制系统。如一台空调器采用微型计算机控制配合传感器技术，可以实现压缩机的启动、停机、风扇摇头、风门调节、换气等，从而对温度、湿度和空气浊度进行控制。随着人们对家用电器方便、舒适、安全、节能要求的提高，传感器将越来越得到显著应用。

7.在学科研究方面的应用

科学技术的不断发展，蕴生了许多新的学科领域，无论是宏观的宇宙，还是微观的粒子世界，许多未知的现象和规律要获取大量人类感官无法获得的信息，没有相应的传感器是不可能实现的。

8.在智能建筑领域中的应用

智能建筑是未来建筑的一种必然趋势，它涵盖智能自动化、信息化、生态化等多方面的内容，具有微型集成化、高精度与数字化和智能化特征的智能传感器将在智能建筑中占有重要的地位。

第三节 网络层

一、网络层功能

物联网网络层是在现有网络的基础上建立起来的，它与目前主流的电话通信网、移动通信网、互联网、企业内部网、各类专网等网络一样，主要承担着数据传输、汇聚功能，特别是当三网融合后，有线电视网也能承担相同的功能。

在物联网中，要求网络层能够把感知层感知到的数据无障碍、高可靠性、高安全性地进行传送，它解决的是感知层所获得的数据在一定范围内，尤其是远距离传输的问题。

同时，物联网网络层将承担比现有网络更大的数据量和面临更高的服务质量要求，所以现有网络尚不能满足物联网的需求，这就意味着物联网需要对现有网络进行融合和扩展，利用新技术以实现更加广泛和高效的互联功能。

由于广域通信网络在早期物联网发展中的缺位，早期的物联网应用往往在部署范围、应用领域等诸多方面有所局限，终端之间以及终端与后台软件之间都难以开展协同。随着物联网发展，建立端到端的全局网络将成为必然。

二、网络层相关技术

（一）接入网技术

接入网技术按照接入信息的类型可分为语音接入网技术、窄带业务接入网技术、宽带业务接入网技术；按照接入方式来分大致可分为有线接入网技术和无线接入网技术，其中有线接入网技术又分为基于双绞线铜缆的传统接入网技术和光纤接入网技术。

1.基于双绞线铜缆的DSL技术

（1）电话网铜线（DSL）。

利用电话网铜线的DSL（数字用户线）技术具有良好的应用前景。与其他接入方式相比，DSL技术的优势主要体现在以下3点：

①电话网的改造升级通常比有线电视网容易，投资也相对较低。

②DSL已经存在一些标准，并被众多厂商支持和使用。

③新的衍生技术有望大大降低DSL的推广成本。

（2）高比特率数字用户线（HDSL）。

HDSL是在无中继的用户环路网上使用无负载电话线提供高速数字接入的传输技术，HDSL能够在现有的普通电话双绞铜线（两对或3对）上全双工传输2 Mbit/s速率的数字信号，无中继传输距离达3~5 km。现在仅利用一对双绞线的HDSL技术也已出现。

（3）高速数字用户线（VDSL）。

在ADSL基础上发展起来的VDSL，可在很短距离的双绞铜线上传送比ADSL更高速的数据，其最大的下行速率为51M~55 Mbit/s，传输线长度不超过300 m;当下行速率在l3 Mbit/s以下时，传输距离可达1.5 km，上行速率则为1.6 Mbit/s以上。和ADSL相比，VDSL传输带宽更高，而且由于传输距离缩短，码间干扰小，数字信号处理技术简化，成本显著降低。

2.光纤接入网

光纤接入网是指在接入网中用光纤作为主要传输介质来实现信息传送的网络形式。光纤接入网的组网方式可以有总线结构、环型结构、星型结构。它的主要特点是：

（1）可以传输宽带交换型业务和多种业务，且传输质量好，可靠性高。

（2）网径一般较小，不需要中继器。

（3）具有V5接口功能，不同设备之间完成H – ISDN业务基本解决。

（4）能够提供无人值守条件，具有各种监控功能无线接入网技术（无线接入技术是指接入网的某一部分或全部使用无线传输介质，向用户提供固定和移动接入服务的技术）。

3.无线接入技术

（1）无线本地环路（WLL）。

WLL利用无线方式把固定用户接入到固定电话网的交换机，即利用无线方式代替传统的有线用户接入，为用户提供终端业务服务。WLL包括DECT、PHS、CDMA、FDMA、SCDMA等，具有部署灵活、建网速度快、适应环境能力强、网络配置简单等优点，近年来颇受青睐。

（2）本地多路分配业务接入（LMDS）。

LMDS利用地面转接站而不是卫星转发数据，通过射频（RF）频带LMDS最多可提供10 Mbit/s的数据流量，它采用蜂窝单元，以毫米波28 GHz的带宽向用户提供VOD、广播和电视会议、视频家庭购物等宽带业务。LMDS的主要缺点是存在来自其他小区的同信道干扰和覆盖区范围有限。

（3）数字直播卫星接入（DBS）。

DBS利用位于地球同步轨道的通信卫星将高速广播数据送到用户的接收天线，所以它一般也称为高轨卫星通信。其特点是通信距离远，费用与距离无关，覆盖面积大且不受地理条件限制，频带宽、容量大，适用于多业务传输，可为全球用户提供大跨度。

（二）传送网技术

传送网是为物联网中各类业务网提供传送手段的基础设施，提供任意两点之间信息的透明传输，同时完成带宽的调度管理、故障的自动切换保护等管理维护功能。

1.SDH传送网

SDH传送网是一种以同步时分复用和光纤技术为核心的传送网结构，它由分插复用、交叉连接、信号再生放大等网元设备组成，具有容量大、对承载信号语义透明，以及在通道层上实现保护和路由的功能。它有全球统一的网络结点接口，使得不同厂商设备间信号的互通、信号的复用、交叉链接和交换过程得到简化，是一个独立于各类业务网的业务公共传送平台。

SDH主要有如下3个优点：

（1）标准统一的光接口。

SDH定义了标准的同步复用格式，用于运载低阶数字信号和同步结构，这极大地简化了不同厂商的数字交换机以及各种SDH网元之间的接口。SDH也充分考虑了与现有PDH体系的兼容，可以支持任何形式的同步或异步业务数据帧的传送，如ATM信元、IP分组、Ethernet帧等。

（2）采用同步复用和灵活的复用映射结构。

采用指针调整技术，使得信息净负荷可在不同的环境下同步复用，引入虚容器（Virtual Container，VC）的概念来支持通道层的连接。当各种业务信息经过处理装入VC后，系统不用考虑所承载的信息结构如何，只需处理各种虚容器即可，从而实现上层业务信息传送的透明性。

（3）强大的网管功能。

SDH帧结构中增加了开销字节（Overhead），依据开销字节的信息，SDH引入了网管功能，支持对网元的分布式管理，支持逐段的以及端到端的对净负荷字节业务性能的监视管理。

2.光传送网

光传送网（Optical Transport Network，OTN）是一种以DWDM与光通道技术为核心的新型传送网结构，它由光分插复用、光交叉连接、光放大等网元设备组成具有超大容量、对承载信号语义透明及在光层面上实现保护和路由的功能。

SDH传送网的优点是：技术标准统一，提供对传送网的性能监视、故障隔离、保护切换，以及理论上无限的标准扩容方式。其缺点主要是：SDH/SON的体系结构是面向话音业务优化设计的，采用严格的TDM技术方案，对于突发性很强的数据业务，带宽利用率不高。

OTN与SDH传送网主要的差异在于复用技术不同，在很多方面很相似，例如，都是面向连接的物理网络，网络上层的管理和生存性策略大同小异。比较而言，OTN有以下主要优点：

（1）DWDM技术使得运营商随着技术的进步，可以不断提高现有光纤的复用度，在最大限度利用现有设施的基础上，满足用户对带宽持续增长的需求。

（2）由于DWDM技术独立于具体的业务，同一根光纤的不同波长上接口速

率和数据格式相互独立，使得运营商可以在一个OTN上支持多种业务。OTN可以保持与现有SDH/SONet网络的兼容性。

（3）SDH/SONet系统只能管理一根光纤中的单波长传输，而OTN系统既能管理单波长，也能管理每根光纤中的所有波长。

（4）随着光纤的容量越来越大，采用基于光层的故障恢复比电层更快、更经济。

3.NGN

由于IP技术的迅速发展，传统电信网络将逐步成为分组骨干网的边缘部分。与此同时，为了支持新的多媒体商业应用，传统电信网络将越来越开放，并引入许多新的功能和物理部件。因此，有必要开发新的网络结构来反映这种新的网络环境，这种网络结构就是下一代网络（Next Generation Network，NGN）的基本框架。

ITU–T在新的建议Y2001中定义了NGN的概念：下一代网络（NGN）是一个基于分组的网络，提供包括电信业务在内的多种业务，能够利用多种带宽和具有QoS能力的传送技术，实现业务功能与底层传送技术的分离；它为用户提供不同业务提供商网络的自由接入，并支持通用移动性，实现用户对业务使用的一致性和普适性。

NGN具有以下基本特征：

（1）基于分组传输。

（2）控制功能与承载能力、呼叫/会话、应用/业务分离。

（3）业务提供和网络松耦合，提供开放的接口。

（4）支持各种业务、应用和基于业务标准组件的机制（包括实时/基于流的/非实时和多媒体业务）。

（5）具有端到端QoS和透明的宽带容量。

（6）通过开放接口与传统网络互通。

（7）支持移动性。

（8）自由接入不同的业务提供商。

（9）采用多种鉴别方法以解决IP网络路由中的地址问题。

（10）相同业务具有统一的业务特征。

（11）融合固网/移动网的业务。

（12）业务相关的功能与底层传输技术分离。

（13）适应一切管理的要求，如紧急通信、安全性／保密性及合法监听等。

（14）支持多种接入技术。

（三）核心网技术

核心网是基于IP的统一、高性能、可扩展的分组网络，支持异构接入以及移动性。核心网与现有电信网络和互联网的基础设施很大程度上是重合的。

1.电话通信网

电话通信网作为世界上发展最早的通信网络，已经有100多年的历史，经历了从模拟网络到模数混合网再到综合数字网的发展过程。它同时也是普及率最高、业务量最大、覆盖范围最广的网络。

通信网要解决的是任意两个用户间的通信问题，由于用户数目众多．地理位置分散，并且需要将采用不同技术体制的各类网络互连在一起，因此通信网必然涉及寻址、选路、控制、管理、接口标准、网络成本、可扩充性、服务质量保证等一系列在点到点模型系统中原本不是问题的问题，这些因素增加了设计一个实际可用的网络的复杂度。

通信网是由一定数量的结点（包括终端结点、交换结点）和连接这些结点的传输系统有机地组织在一起的，按约定的信令或协议完成任意用户间信息交换的通信体系。用户使用它可以克服空间、时间等障碍来进行有效的信息交换。

在通信网上，信息的交换可以在两个用户间进行，在两个计算机进程间进行，还可以在一个用户和一个设备间进行。交换的信息包括用户信息（如话音、数据、图像等）、控制信息（如信令信息、路由信息等）和网络管理信息3类。由于信息在网上通常以电或光信号的形式进行传输，因而现代通信网又称电信网。

应该强调的一点是，网络不是目的，只是手段。网络只是实现大规模、远距离通信系统的一种手段。与简单的点到点的通信系统相比，它的基本任务并未改变，通信的有效性和可靠性仍然是网络设计时要解决的两个基本问题，只是由于用户规模、业务量、服务区域的扩大，解决这两个基本问题的手段变得复杂了。例如，网络的体系结构、管理、监控、信令、路由、计费、服务质量保证等都是由此派生出来的。

2.移动通信网

移动通信是指通信的一方或双方可以在移动中进行的通信过程，也就是说，至少有一方具有可移动性。可以是移动台与移动台之间的通信，也可以是移动台与固定用户之间的通信。移动通信满足了人们无论在何时何地都能进行通信的愿望。20个世纪80年代以来，特别是90年代以后，移动通信得到了飞速的发展。

相比固定通信而言，移动通信不仅要给用户提供与固定通信一样的通信业务，而且由于用户的移动性，其管理技术要比固定通信复杂得多。同时，由于移动通信网中依靠的是无线电波的传播，其传播环境要比固定网中有线介质的传播特性复杂，因此，移动通信有着与固定通信不同的特点。

（1）用户的移动性。

要保持用户在移动状态中的通信，必须是无线通信，或无线通信与有线通信的结合。因此，系统中要有完善的管理技术来对用户的位置进行登记、跟踪，使用户在移动时也能进行通信，不因为位置的改变而中断。

（2）电波传播条件复杂。

移动台可能在各种环境中运动，如建筑群或障碍物等，因此电磁波在传播时不仅有直射信号，还会产生反射、折射、绕射、多普勒效应等现象，从而产生多径干扰、信号传播延迟和展宽等。因此，必须充分研究电波的传播特性，使系统具有足够的抗衰落能力，才能保证通信系统正常运行。

（3）噪声和干扰严重。

移动台在移动时不仅受到城市环境中的各种工业噪声和天然电噪声的干扰，同时，由于系统内有多个用户，移动用户之间也会有互调干扰、邻道干扰、同频干扰等。这就要求在移动通信系统中对信道进行合理的划分和频率的复用。

（4）系统和网络结构复杂。

移动通信系统是一个多用户通信系统和网络，必须使用户之间互不干扰，能协调一致地工作。此外，移动通信系统还应与固定网、数据网等互连，整个网络结构是很复杂的。

（5）有限的频率资源。

在有线网中，可以依靠多铺设电缆或光缆来提高系统的带宽资源。而在无线网中，频率资源是有限的，ITU对无线频率的划分有严格的规定。

3.互联网

从网络通信的观点来看，互联网是一个通过TCP/IP把各个国家、各个机构、各个部门的内部网络连接起来形成的庞大的数据通信网；从信息资源的角度来看，互联网是一个集各个领域、各个部门内各种信息资源共享为目的的信息资源网；从技术的角度来看，互联网是一个"不同网络互连的网络"（网际网），实际是由许多网络（包括局域网、城域网和广域网）互连形成的。

4.VPN

在传统的企业网络配置中，要进行异地局域网之间的互联，传统的方法是租用DDN（数字数据网）专线或帧中继。这样的方案必然导致高昂的网络通信/维护费用。虚拟专用网指的是在公用网络上建立专用网络的技术。"虚拟"的含义是网络任意两个结点之间的连接并没有传统专网所需的端到端的物理链路，而是架构在公用网络服务商所提供的网络平台，用户数据在逻辑链路中传输。

和传统的数据专网相比，从客户角度看，VPN具有如下优势：

（1）安全。在远端用户、驻外机构、合作伙伴、供应商与公司总部之间建立可靠的连接，保证数据传输的安全性。这对于实现电子商务或金融网络与通信网络的融合特别重要。

（2）廉价。利用公共网络进行信息通信，企业可以更低的成本连接远程办事机构、出差人员和业务伙伴。

（3）支持移动业务。支持驻外VPN用户在任何时间、任何地点的移动接入，能够满足不断增长的移动业务需求。

（4）服务质量保证。构建具有服务质量保证的VPN（如MPLS VPN），可为VPN用户提供不同等级的服务质量保证。

从运营商角度看，VPN具有如下优势：

（1）可运营。提高网络资源利用率，有助于增加ISP的收益。

（2）灵活。通过软件配置就可以增加、删除VPN用户，无须改动硬件设施，在应用上具有很大的灵活性。

（3）多业务。SP在提供VPN互连的基础上，可以承揽网络外包、业务外包、客户化专业服务的多业务经营。

VPN以其独具特色的优势赢得了越来越多的企业的青睐，使企业可以较少地关注网络的运行与维护，从而更多地致力于企业实现商业目标。另外，运营商可

以只管理、运行一个网络，并在一个网络上同时提供多种服务，如Best-effort IP服务、VPN、流量工程、差分服务（DiffServ），从而减少运营商的建设、维护和运行费用。

VPN在保证网络的安全性、可靠性、可管理性的同时提供更强的扩展性和灵活性。在全球任何一个角落，只要能够接入到互联网，即可开展VPN。

第四节　应用层

一、应用层功能

应用层是物联网发展的驱动力和目的。应用层的主要功能是把感知和传输来的信息进行分析和处理，做出正确的控制和决策，实现智能化的管理、应用和服务。这一层解决的是信息处理和人—机界面的问题。

具体地讲，应用层将网络层传输来的数据通过各类信息系统进行处理，并通过各种设备与人进行交互。这一层也可按形态直观地划分为两个子层：一个是应用程序层，另一个是终端设备层。应用程序层进行数据处理，完成跨行业、跨应用、跨系统之间的信息协同、共享、互通的功能，包括电力、医疗、银行、交通、环保、物流、工业、农业、城市管理、家居生活等，可用于政府、企业、社会组织、家庭、个人等，这正是物联网作为深度信息化网络的重要体现。而终端设备层主要是提供人—机界面，物联网虽然是"物物相连的网"，但最终是要以人为本的，还是需要人的操作与控制，不过这里的人—机界面已远远超出现在人与计算机交互的概念，而是泛指与应用程序相连的各种设备与人的反馈。

物联网的应用可分为监控型（如物流监控、污染监控）、查询型（如智能检索、远程抄表）、控制型（如智能交通、智能家居、路灯控制）、扫描型（如手机钱包、高速公路不停车收费）等。目前，软件开发、智能控制技术发展迅速，应用层技术将会为用户提供丰富多彩的物联网应用。同时，各种行业和家庭应用的开发将会推动物联网的普及，也给整个物联网产业链带来利润。

二、应用层技术

应用层主要包含应用支撑平台子层和应用服务子层。其中应用支撑平台子层用于支撑跨行业、跨应用、跨系统之间的信息协同、共享、互通的功能。应用服务子层包括智能交通、智能医疗、智能家居、智能物流、智能电力等行业应用。

（一）数据融合

在物联网的前端组成中，为了获取精确的数据，往往需要在监测区内部署大量的传感器节点，在这种高覆盖密度的区域中，对于同一对象或事件进行监测的邻近节点所报告的数据，会有一定的空间相关性，即距离相近的节点所输出的数据具有一定的冗余度。若所有节点都将检测到的数据发送到汇聚节点，会造成有限网络带宽资源的极大浪费。而大量数据同时传输也会造成频繁的冲突，降低通信效率。此外，数据传输是感知节点能量消耗的主要因素，传输大量冗余数据会使节点消耗过多的能量，从而缩短传感网的生命周期。因此，在大规模传感网中，所有感知节点的数据包传送到汇聚节点前，需要对数据进行融合处理。通过对多感知节点信息的协调优化，结合海量数据智能分析与控制技术，能有效地减少整个网络中不必要的通信开销，提高数据的准确度和收集效率。

1.数据融合与处理

所谓数据融合，是指将多种数据或信息进行处理，组合出高效、符合用户要求的信息的过程。数据融合是利用计算机技术对时序获得的若干感知数据，在一定准则下加以分析、综合，以完成所需决策和评估任务而进行的数据处理过程。传感网应用的多数情况只关心监测结果，并不需要收到大量原始数据，数据融合是处理这类问题的有效手段。例如，借助数据稀疏性理论在图像处理中的应用，可将其引入传感网数据压缩，以改善数据融合效果。

数据融合技术需要人工智能理论的支撑，包括智能信息获取的形式化方法，海量数据处理理论和方法，网络环境下数据系统开发与利用方法，以及机器学习等基础理论，同时还包括智能信号处理技术，如信息特征识别和数据融合，物理信号处理与识别等。数据融合是多学科交叉的新技术，主要涉及信息处理、概率统计、信息论、模式识别、人工智能、模糊数学等理论。物联网的建设与发展，为数据融合技术开辟了一个新的应用领域。

多传感器数据融合技术的基本原理是：通过多个不同类型的传感器采集观测目标数据，对传感器的输出数据进行特征提取，提取代表观测数据的特征矢量；然后对特征矢量进行模式识别处理，完成各传感器关于目标的说明；最后将各传感器关于目标的说明数据按同一目标进行分组（即关联），利用融合算法将每一目标的传感器数据进行合成，得到该目标的一致性解释与描述。

2.海量数据智能分析与控制

海量数据智能分析与控制是指依托先进的软件工程技术，对物联网的各种数据进行海量存储与快速处理，并将处理结果实时反馈给网络中的各种"控制"部件。智能技术就是为了有效地达到某种预期目的和对数据进行知识分析而采用的各种方法和手段：当传感网节点具有移动能力时，网络拓扑结构如何保持实时更新；当环境恶劣时，如何保障通信安全；如何进一步降低能耗。通过在物体中植入智能系统，可以使物体具备一定的智能性，能够主动或被动地实现与用户的沟通，这也是物联网的关键技术之一。智能分析与控制技术主要包括人工智能理论、先进的人—机交互技术、智能控制技术与系统等。物联网的实质性含义是要给物体赋予智能，以实现人与物的交互对话，甚至实现物体与物体之间的交互对话。为了实现这样的智能性，需要智能化的控制技术与系统。例如，怎样控制智能服务机器人完成既定任务，包括运动轨迹控制、准确的定位及目标跟踪等。

由于物联网应用是由大量传感网节点构成的，在信息感知的过程中，采用各个节点单独传输数据到汇聚节点的方法是不可行的，因为网络中存有大量冗余数据，会浪费通信带宽和能量资源。因此，需要采用数据融合与智能技术进行处理。此外，数据融合与海量数据智能分析与控制技术还能有效提高数据的采集效率和及时性。

（二）人工智能

人工智能（Artificial Intelligence）是探索研究使各种机器模拟人的某些思维过程和智能行为（如学习、推理、思考、规划等），使人类的智能得以物化与延伸的一门学科。目前对人工智能的定义大多可划分为四类，即机器"像人一样思考""像人一样行动""理性地思考"和"理性地行动"。人工智能企图了解智能的实质，并生产出一种新的与人类智能相似的方式做出反应的智能机器。该领域的研究包括机器人、语言识别、图像识别、自然语言处理和专家系统等。目前主要的方法有神经网络、进化计算和粒度计算三种。在物联网中，人工智能技术主要负责分析物品所承载的信息内容，从而实现计算机自动处理。

人工智能技术的优点在于：大大改善操作者作业环境，减轻工作强度；提高了作业质量和工作效率；一些危险场合或重点施工应用得到解决；环保、节能；提高了机器的自动化程度及智能化水平；提高了设备的可靠性，降低了维护成本；故障诊断实现了智能化等。

（三）数据挖掘

在人工智能领域，数据挖掘习惯上又称为数据库中的知识发现（Knowledge Discovery in Database，KDD），也有人把数据挖掘视为数据库中知识发现过程的一个基本步骤。知识发现过程由以下3个阶段组成，即数据准备、数据挖掘及结果表达和解释。数据挖掘可以与用户或知识库交互。

并非所有的信息发现任务都被视为数据挖掘。例如，使用数据库管理系统查找个别的记录，或通过互联网的搜索引擎查找特定的Web页面，则是信息检索（Information Retrieval）领域的任务。虽然这些任务是重要的，可能涉及使用复杂的算法和数据结构，但是它们主要依赖传统的计算机科学技术和数据的明显特征来创建索引结构，从而有效地组织和检索信息。尽管如此，数据挖掘技术也已用来增强信息检索系统的能力。

除了上述的技术外，应用层技术还包括M2M、云计算、中间件等技术，由于下一章节会有具体的介绍，这里就不一一赘述。

第五节　物联网的保障体系

在物联网的发展上，欧盟通过在法律、政策、标准、技术、应用5个层面同步推进，以信息安全、隐私保护、可竞争机制为始点和终点，从根本上为物联网的发展提供可预期的政策法律等保障环境。

一、物联网政策

（一）欧盟

2009年，欧盟执委会发表了题为"Internet of Things – An action plan for Europe"的物联网行动方案，描绘了物联网技术应用的前景，并提出要加强欧盟对物联网的管理，消除物联网发展的障碍。行动方案提出以下政策建议：

（1）加强物联网管理，包括：制定一系列物联网的管理规则；建立一个有效的分布式管理（Decentralized Management）架构，使全球管理机构可以公开、公平、尽责地履行管理职能。

（2）完善隐私和个人数据保护，包括：持续监测隐私和个人数据保护问题，修订相关立法，加强相关方对话等；执委会将针对个人可以随时断开联网环境（the Silence of the Chips）开展技术、法律层面的辩论。

（3）提高物联网的可信度（Trust）、接受度（Acceptance）、安全性（Security）。

（4）推广标准化，执委会将评估现有物联网相关标准并推动制定新的标准，持续监测欧洲标准组织（ETSI、CEN、CENELEC）、国际标准组织（ISO、ITU）以及其他标准组织（IETF、EPC global等）物联网标准的制定进度，确保物联网标准的制定是在各相关方的积极参与下，以一种开放、透明、协商一致的方式达成。

（5）加强相关研发，包括：通过欧盟第7期科研框架计划项目（FP7）支持物联网相关技术研发，如微机电、非硅基组件、能量收集技术（Energy Harvesting Technologies）、无所不在的定位（Ubiquitous Positioning）、无线通信智能系统网（Networks of Wirelessly Communicating Smart Systems）、语义学（Semantics）、基于设计层面的隐私和安全保护（Privacy and Security by Design）、软件仿真人工推（Software Emulating Human Reasoning）以及其他创新应用，通过公私伙伴模式（PPP）支持包括未来互联网（Future Internet）等在内项目建设，并将其作为刺激欧洲经济复苏措施的一部分。

（6）建立开放式的创新环境，通过欧盟竞争力和创新框架计划（CIP）利用一些有助于提升社会福利的先导项目推动物联网部署，这些先导项目主要包括e-health、e-accessibility、应对气候变迁、消除社会数字鸿沟等。

（7）增强机构间协调，为加深各相关方对物联网机遇、挑战的理解，共同推动物联网发展，欧盟执委会定期向欧洲议会、欧盟理事会、欧洲经济与社会委员会、欧洲地区委员会、数据保护法案29工作组等相关机构通报物联网发展状况。

（8）加强国际对话，加强欧盟与国际伙伴在物联网相关领域的对话，推动相关的联合行动、分享最佳实践经验。

（9）推广物联网标签、传感器在废物循环利用方面的应用。

（10）加强对物联网发展的监测和统计，包括对发展物联网所需的无线频谱的管理、对电磁影响等管理。

（二）美国

2009年1月7日，IBM与美国智库机构信息技术与创新基金会（ITIF）共同向奥巴马政府提交了"The Digital Road to Recover:A Stimulus Plan to Create Jobs，Boost Productivity and Revitalize America"，提出通过信息通信技术（ICT）投资可在短期内创造就业机会，美国政府只要新增300亿美元的ICT投资（包括智能电网、智能医疗、宽带网络3个领域），便可以为民众创造出94.9万个就业机会；1月28日，在奥巴马就任总统后的首次美国工商业领袖圆桌会议上，IBM首席执行官建议政府投资新一代的智能型基础。上述提议得到了奥巴马总统的积极回应，奥巴马把"宽带网络等新兴技术"定位为振兴经济、确立美国全球竞争优势的关键战略，并在随后出台的总额7870亿美元的《经济复苏和再投资法》（Recovery and Reinvestment Act）中对上述战略建议具体加以落实。《经济复苏和再投资法》希望从能源、科技、医疗、教育等方面着手，透过政府投资、减税等措施来改善经济，增加就业机会，并且带动美国长期发展，其中鼓励物联网技术发展政策主要体现在推动能源、宽带与医疗三大领域开展物联网技术的应用。

（三）韩国

自1997年起，韩国政府出台了一系列推动国家信息化建设的产业政策。为达成上述政策目标，实现建设优化社会的愿景，韩国政府持续推动各项相关基础建设、核心产业技术发展，RFID/USN（传感器网）就是其中之一。韩国信息和通信部（MIC）发布的《数字时代的人本主义：IT839战略》（Humanism in the Digital World：IT839 Strategy）报告中指出："无所不在的网络社会将是由智能网络、最先进的计算技术，以及其他领先的数字技术基础设施武装而成的技术社会

形态。在无所不在的网络社会中，所有人可以在任何地点、任何时刻享受现代信息技术带来的便利。u-Korea意味着信息技术与信息服务的发展不仅要满足于产业和经济的增长，而且在国民生活中将为生活文化带来革命性的进步。"韩国政府最早在"u-IT839"计划就将RFID/USN列入发展重点，并在此后推出一系列相关实施计划。目前，韩国的RFID发展已经从先导应用开始全面推广；而USN也进入实验性应用阶段。

韩国的信息和通信部（MIC）则专门制定了详尽的"IT839战略"，重点支持Ubiquitous Network。当时的总统卢武铉更是u-Korea计划的积极倡导者，他期望通过政府与科技、产业界的紧密合作和艰苦实践，在自己第二届任期届满时（2007年）使韩国能够达到u-Korea的目标。

韩国RFID/USN相关推进计划包括RFID先导计划、RFID全面推进计划和USN领域测试计划3部分内容。在此基础上，2009年韩国通信委员会出台了《物联网基础设施构建基本规划》，将物联网市场确定为新增长动力。《物联网基础设施构建基本规划》提出到2012年实现"通过构建世界最先进的物联网基础实施，打造未来广播通信融合领域超一流信息通信技术强国"的目标，并确定了构建物联网基础设施、发展物联网服务、研发物联网技术、营造物联网扩散环境等4大领域共12项详细课题。

韩国高度重视信息化建设。为强力推进信息化，韩国总统亲自主持信息化战略会议，这是国家信息化的最高决策机构、最高指挥机构和监督机构；总理亲自坐镇信息化促进委员会，具体指导制定信息化战略规划并监督计划的执行。1996年6月，韩国制定了促进信息化基本计划，决定在2010年前分3个阶段推进这一计划；同年9月，政府通过了促进信息化实施计划。1999年，随着知识经济日益成为新的发展模式，韩国修改了促进信息化基本计划，发表了网络韩国21世纪的计划。这一计划的核心是提前5年，即在2005年完成超高速通信网的建设，以全面实现信息化。

（四）日本

20世纪90年代中期以来，日本政府相继制定了e-Japan、u-Japan、i-Japan等多项国家信息技术发展战略，从大规模开展信息基础设施建设入手，稳步推进，不断拓展和深化信息技术的应用，以此带动本国社会、经济发展。其中，u-Japan、i-Japan战略与当前提出的物联网概念有许多共通之处。2008年，日本总务省提出"u-Japan xICT"政策。"x"代表不同领域乘以ICT的含义，一共涉及3个领域——"产业xICT""地区xICT""生活（人）xICT"，将u-Japan政策的重心从之前的单纯关注居民生活品质提升拓展到带动产业及地区发展，即通过各行业、地区与ICT的深化融合，进而实现经济增长的目的。"产业xICT"也就是通过ICT的有效应用，实现产业变革，推动新应用的发展；"地区xICT"也就是通过ICT以电子方式联系人与地区社会，促进地方经济发展；"生活（人）xICT"也就是有效应用ICT达到生活方式变革，实现无所不在的网络社会环境。

（五）中国

工信部已初步明确，中国未来将从5个方面着手培育这一产业。

第一是培育物联网的应用。

第二是鼓励企业建立创新机制。

第三是建立物联网标准。由于物联网产业链长，涵盖面广，参与主体多，应避免市场各主体各行其是，需要尽快建立物联网的标准，否则将来局面将不堪收拾。

第四是打造物联网的产业链。仅有发明成果，如果不能转化为生产力，是没有用的，中国必须大力打造物联网产业链。

第五是制定的物联网发展指导意见，无论是国家还是地方，都需要制定完善产业规划，才能指导物联网产业有序健康发展。

中国将采取四大措施支持电信运营企业开展物联网技术创新与应用。这些措施包括：

（1）突破物联网关键核心技术，实现科技创新，同时结合物联网特点，在突破关键共性技术时，研发和推广应用技术，加强行业和领域物联网技术解决方案的研发和公共服务平台建设，以应用技术为支撑突破应用创新。

（2）制定中国物联网发展规划，全面布局，重点发展高端传感器、MEMS、智能传感器和传感器网结点、传感器网关；超高频RFID、有源RFID和RFID中间件产业等，重点发展物联网相关终端和设备以及软件和信息服务。

（3）推动典型物联网应用示范，带动发展。通过应用引导和技术研发的互动式发展，带动物联网的产业发展；重点建设传感网在公众服务与重点行业的典型应用示范工程，确立以应用带动产业的发展模式，消除制约传感网规模发展的瓶颈；深度开发物联网采集来的信息资源，提升物联网的应用过程产业链的整体

价值。

（4）加强物联网国际国内标准，保障发展。做好顶层设计，满足产业需要，形成技术创新、标准和知识产权协调互动机制；面向重点业务应用，加强关键技术的研究，建设标准验证、测试和仿真等标准服务平台，加快关键标准的制定、实施和应用；积极参与国际标准制定，整合国内研究力量形成合力，推动国内自主创新研究成果推向国际。

二、物联网法规

（一）物联网的立法

物联网面临的法律问题包括物联网的综合立法、行政立法、民商经济立法、刑事立法等诸多问题。

行政立法是指立法机关通过法定形式将某些立法权授予行政机关，行政机关依据授权法（含宪法）制定行政法规和规章的行为。它通常具有两方面的内容：

（1）国家行政机关接受国家立法机关的委托，依照法定程序制定具有法律效力的规范性文件的活动。

（2）国家行政机关依照法定程序制定有关行政管理规范性文件的活动，也称"准立法"。

物联网立法内容包括：物联网的安全立法、隐私权立法、财产权立法以及规范物联网的市场制度。

物联网立法的原则：

（1）安全性原则。

由国家有关部门确定物联网安全的方针、政策，制定和颁布相关的法律条令。

（2）合宪性原则。

我国《宪法》规定"一切法律、行政法规和地方性法规，不得同宪法相抵触"，揭示了以宪法为准绳是一条重要的立法原则。因此，物联网立法一定要在符合宪法精神的前提下进行。

（3）立足国情从实际出发，重点立法原则。

试图一劳永逸地建立一部全新的囊括所有问题的物联网法，其结果由于缺乏对网络的全面认识，一方面可能会阻碍网络的进一步发展，另一方面对某些条款的规定难以深入下去而流于形式，成为一纸空文，有损于法律的效力与尊严。针对某些方面如侵犯内容著作权的纠纷、侵犯网页著作权的纠纷、域名注册权的纠纷、网站链接权的纠纷等制定相应的法规，操作起来更具实际意义。

（4）最大效益原则。

将来的物联网拥有巨大商业价值，政府制定的规则应当适应市场的发展，应当通过适当的规则减少非市场因素和非技术因素对企业的干扰。物联网的发展有一个从不成熟到成熟、从乱到治的过程。在其发展规律和发展方向尚未确定前，制定网络规范一定要注意在一定程度上扭转网络行为混乱的局面，又要考虑到网络创新的问题。

电子网上交易通常以电子数据为依据，它存在易变性、无痕性、开放性和隐蔽性等特点。电子化的交易在纠纷发生时，收集证据甚为困难。要查明电子证据的来源形成的时间、地点、制作过程及设备情况；有无伪造和删改的可能。在实践中，对电子证据所基于的来历、应用软件、传输技术等特征要给予特别关注，这些特征将对电子证据的认定产生直接的决定作用。因此，法律界应跟踪网络技术的最新发展，不断调整相应对策。

（二）物联网的监管

目前，信息网络作为新世纪综合国力发展的焦点，引起了世界各国的高度重视。各国政府纷纷积极推进信息网络的发展，并相继采取了一系列相关措施。最主要的措施是成立专门机构，制定统一政策和发展规划，政府直接参与、推进和引导信息网络健康、有序、快速地发展。

物联网要安全有序地运行，就离不开对它的监控与管理。缺乏监管的网络空间是不可想象的。政府部门应该配置专门的管理机构，负责制定国家整体网络监管的安全战略及其总体规划，并负责其实施的监督工作。同时，应设相关的研究机构加大对网络监控的技术研究。在管理结构设置上，应遵循"总体把关、分级设防"的原则。

网络监管的目的就在于使物联网按照一定的秩序运行，确保有一个安全稳定的网络环境，从而促使整个网络健康稳定地发展。这包括监管的可控性和可审查性：可控性就是对物联网中的信息及信息系统实施安全控制，使主管机关能对物联网中有害信息的传播及访问进行控制；可审查性是指对信息使用（浏览、发

布、传播）进行审计和取证，调查网络中出现的有害信息，为裁决提供非法活动的证据。审计和取证是通过对网络上发生的各种访问情况记录日志，并对日志进行分析。它们是对网络使用情况进行事后分析的有效手段，也是发现和追踪事件的常用措施。审计和取证的主要对象为用户、主机和结点，主要内容为访问的主体、客体、时间和成败情况等。

三、物联网标准

物联网覆盖领域较广，物联网的大规模应用离不开标准体系的建立。目前物联网还缺乏统一的标准。标准化的实现将能够整合行业应用，规范新业务的实现和测试，保证物联网产品的互操作性和全网的互联互通。物联网标准体系的建设和完备，是扩大物联网市场规模的基础，是物联网产业发展的关键。

（一）物联网标准体系

物联网标准体系是由具有一定内在联系的物联网标准组成的有机整体，是一幅已制定和计划制定的标准工作蓝图，用来说明物联网标准的总体结构，具体包括三大部分：管理标准、技术标准和行业应用标准。

1.管理标准

管理标准是保证物联网有效运行的相关管理规范，包括物联网管理运行规则、主体准入、客体注册等管理规范。

2.技术标准

技术标准是物联网技术体系涉及的感知层、网络层、应用层相关技术标准，包括基础标准、编码标准、识别标准、传输标准、互通标准、中间件标准、数据智能处理标准、信息服务标准等。

3.应用标准

应用标准是物联网各种应用领域的国家或者行业标准。

物联网的标准涉及面向公众的统一标准和面向行业企业的共性标准和行业个性化标准。共性标准包括体系架构方面、业务需求/分类及特征方面、标识/编号寻址方面、网络优化方面、各层及层间开放接口方面、无线频谱方面、传感器网络方面、RFID方面、安全方面等。

（二）国际标准组织介绍

1.欧洲电信标准化协会（ETSI）

欧洲电信标准化协会（European Telecommunications Standards Institute，ETSI）是由欧盟（早期称欧共体委员会）于1988年批准建立的一个非营利性的电信标准化组织，总部设在法国南部的尼斯。ETSI的标准化领域主要是电信业，并涉及与其他组织合作的信息及广播技术领域。ETSI作为一个被CEN（欧洲标准化协会）和CEPT（欧洲邮电主管部门会议）认可的电信标准协会，其制定的推荐性标准常被欧盟作为欧洲法规的技术基础而采用并被要求执行。

ETSI的标准制定工作是开放式的。标准的立题是由ETSI的成员通过技术委员会提出的，经技术大会批准后列入ETSI的工作计划，由各技术委员会承担标准的研究工作。技术委员会提出的标准草案，经秘书处汇总发往成员国的标准化组织征询意见，返回意见后，再修改汇总，成员国单位进行投票。赞成票超过70%以上的可以成为正式ETSI标准，否则可成为临时标准或其他技术文件。

2.国际电信联盟（ITU）

国际电信联盟是联合国主管信息通信技术事务的一个专门机构，也是联合国机构中历史最长的一个国际组织，简称"国际电联""电联"或"ITU"。作为世界范围内联系各国政府和私营部门的纽带，国际电联通过其麾下的无线电通信部、标准化部、电信发展部和电信展览部4个部门开展各项活动。

ITU下设电信标准部（ITU – T）、无线电通信部（ITU – R）和电信发展部（ITU – D）3个部门承担着实质性标准制定工作。

3.国际标准化组织（ISO）

国际标准化组织（International Organization for Standardization，ISO）是一个全球性的非政府组织，是由各国标准化团体（ISO成员团体）组成的世界性的联合会，是国际标准化领域中一个十分重要的组织。

制定国际标准的工作通常由ISO的技术委员会完成。各成员团体若对某技术委员会确定的项目感兴趣，均有权参加该委员会的工作。与ISO保持联系的各国际组织（官方的或非官方的）也可参加有关工作。

ISO的主要功能是为人们制定国际标准达成一致意见提供一种机制。标准的内容涉及广泛，从基础的紧固件、轴承各种原材料到半成品和成品，其技术领域涉及信息技术、交通运输、农业、保健和环境等。每个工作机构都有自己的工

作计划，该计划会列出需要制定的标准项目（试验方法、术语、规格、性能要求等）。

4.国际电工委员会（IEC）

国际电工委员会（IEC）成立于1906年，至今已有100多年的历史。它是世界上成立最早的国际性电工标准化机构，负责有关电气工程和电子工程领域中的国际标准化工作。

IEC的技术工作由执委会（CA）负责。执委会为了提高工作效率，分为A、B、C三个组，分别在不同领域同时处理标准制订工作中的协调问题。IEC目前有104个技术委员会和143个分技术委员会。

IEC与ISO的共同之处：它们使用共同的技术工作导则，遵循共同的工作程序。在信息技术方面ISO与IEC成立了第一联合技术委员会（JTCI）负责制定信息技术领域中的国际标准，它是ISO、IEC最大的技术委员会，其工作量几乎是ISO、IEC的1/3，发布的国际标准也是1/3，且更新很快。

IEC与ISO最大的区别是工作模式不同。ISO的工作模式是分散型的，技术工作主要由各国承担的技术委员会秘书处管理，ISO中央秘书处负责协商，只有到了国际标准草案（DIS）阶段ISO才介入。而IEC采取集中管理模式，即所有的文件从一开始就由IEC中央办公室负责管理。

（三）感知末梢技术方面标准

传感器网是泛在网末梢网络的一种，主要用于环境等信息的采集，是泛在网不可或缺的重要组成部分。下面主要介绍两个有代表性的国际标准组织的研究情况，包括国际标准化组织（ISO）、美国电气及电子工程师学会（IEEE）。

1.国际标准化组织

ISO JTCI SC6 SGSN（Study Group on Sensor Networks）的研究工作目前主要在应用场景、需求和标准化范围。SGSN给出了SN标准化的4个接口。

（1）网络内部结点之间的接口。

SN结点之间的接口涉及物理层、MAC层、网络层和网络管理。该接口需要考虑SN的网络协议，如有线和无线通信协议及其融合、路由协议以及安全问题。SN的网络和路由协议是在MAC层以上，提供传感器结点之间、传感器结点到传感器网关的连接，不同的应用可能需要不同的通信协议。

（2）与外部网络接口。

该接口就是SN网关接口。该接口通过光纤、长距离无线通信方式提供SN与外网的通信能力，需要与相关标准组织合作。此外，该接口需要支持中间件，中间件实现多种应用共性功能，如网络管理、数据过滤、上下文传输等。

（3）传感器接口。

该接口解决模拟、数字和智能传感器硬件即插即用问题，并规范接口数据准确性。

（4）业务和应用模块。

该接口支持多种类型的传感器，基于不同业务的传感器功能，以及应用软件模块。为了支持多种业务和应用，该接口的标准化需要研究这些应用并进行归类，制定一系列业务和基本功能要求。

2.美国电气及电子工程师学会

传感器网络的特征与低速无线个人局域网（WPAN）有很多相似之处，因此传感器网络大多采用IEEE 802.15.4标准作为物理层和媒体存取控制层（MAC层）标准。

IEEE中从事无线个人局域网（WPAN）研究的是802.15工作组。这个组致力于WPAN的物理层和媒体存取控制层（MAC层）的标准化工作，目标是为个人操作空间内相互通信的无线通信设备提供通信标准。IEEE 802.15工作组内有5个任务组，分别制定适合不同应用的标准。这些标准在传输速率、功耗和支持的服务等方面存在差异。主要任务如下：

TGI：制定IEEE 802.15.1标准，即蓝牙无线通信，中等速率、近距离，适用于手机、PDA等设备的短距离通信。

TG2：制定IEEE 802.15.2标准，研究IEEE 802.15.1标准与IEEE 802.11标准的共存。

TG3：制定IEEE 802.15.3标准，研究超宽带（UWB）标准，高速率、近距离，适用于个域网中多媒体方面的应用。

TG4：制定IEEE 802.15.4标准，研究低速无线个人局域网。该标准把低能量消耗、低速率传输、低成本作为重点目标，旨在为个人或者家庭范围内不同设备之间的低速互连提供统一标准。

TG5：制定IEEE 802.15.5标准，研究无线个人局域网的无线网状网

（MESH）组网。该标准旨在研究提供MESH组网的WPAN物理层与MAC层的必要机制。

3.ISO/IEC

早在1995年，国际标准化组织ISO/IEC第一联合技术委员会JTCI专门设立了子委员会SC31，负责RFID标准化研究工作，主要针对RFID的编码、空中接口、应用场景制定了相关标准。除了RFID领域内的标准外，ISO/IEC数据通信分技术委员会JTCI SC6于2007年底成立传感网研究组（SGSN），对物联网整体架构的标准进行研究。我国全国信息技术标准化技术委员会也非常重视这一领域的国际标准化工作，先后4次组织国内的专家参加SGSN工作会议。2008年6月，项目组成员中国电子技术标准化研究所和中科院上海微系统所在上海承办了ISO/IEC JTCI SGSN成立大会暨第一次工作会议。同时，积极参与了SGSN中《传感器网络技术报告》的编写工作，我国提出的传感器网络标准体系和大量技术文献被该技术报告所采纳。在2009年10月的JTCI全会上，JTCI宣布成立传感器网络工作组（JTCI WG7），正式开展传感器网络的标准化工作。

4.RFID标准

制定标准的目的是针对产品、过程或服务目前与潜在的问题定出规定，提供共同遵守的语言，以利于技术合作，并防止贸易壁垒。越开放的系统，标准越重要，使用习惯+市场垄断决定了事实标准，标准背后是利益与安全之争。

RFID标准化是RFID大范围应用推广中急需解决的问题。RFID技术领先的国家和地区为争夺技术标准主导权，都在积极制定自己的标准。RFID技术及标准的制订机构包括美国EPC Global、ISO/IEC18000和日本的Ubiquitous ID。

这3个标准相互之间并不兼容，主要差别在通信方式、防冲突协议和数据格式3个方面，在技术上差距并不明显。其中，EPC Global制定了EPC（Electronic Product Code）标准，使用UHF频段。ISO制定了ISO14443A/B、ISO15693与ISO18000标准，前两者采用13.56 MHz，后者采用860.930 MHz，处于860~960 MHz范围内的UHF频段的产品因为工作距离远且最可能成为全球通用的频段而最受重视，发展最快，三大标准势必会有一番争斗。

（四）行业应用标准

标准制定组织主要对智能交通、智能电网、智能建筑、智能家居、健康医疗等具体应用进行相关标准化工作。下面主要介绍一下智能交通、智能电网标准化的情况。

1.智能交通

智能交通系统（Intelligent Transport Systems，ITS）通过在道路和车辆上应用电子、信息和通信等尖端技术，提高交通设施的使用效率并为人们提供安全、方便的交通。

通过应用ITS，人们可以选择最佳出行时间、交通工具和路线，自动提示事故状况、施工状况和气象变化，提高交通安全性和降低交通事故。

（1）ISO/TC204。

ISO/TC204是制定交通信息和控制系统国际标准的技术委员会，根据1991年美国标准化协会（the America National Standard Institute，ANSI）的申请，1992年ISO标准委员会批准了组成TC20-4，标准化的主要内容通过双方的协商决定。

ISO/TC204根据不同领域标准化工作，共设立了16个组（WG1~16），目前只有12个工作组进行标准化工作。另外，部分标准化工作由ISO/IEC、联合技术委员会（JTC）和ITU负责。

（2）CEN（Comité Europé en de Normalisation）/TC278。

为了推动ITS标准化进程，欧洲于1991年3月成立了具有强制力的CEN/TC278组织，主要制定接口标准。与不具备强制力的ISO/TC204相比，CEN/TC278的标准具有更高的效力。CEN/TC278各组以协调应用领域和技术领域为目标制定各项标准，并为开发行业提供便利。CEN/TC278首先制定自动缴费、自动识别车辆和货物、交通和旅游信息系统、介绍最短路线和地图数据库、短距离专用通信等领域的标准。CEN/TC278设有13个工作组，与ISO/TC204的工作组相互对应。

CEN/TC278与ISO/TC204的标准化内容相似，为了避免重复，于1991年6月签订了维也纳协议，划分各机构负责的领域。

2.智能电网

（1）智能电网定义。

百度百科对智能电网的定义，通俗地说就是电网的智能化，它是建立在集成的、高速双向通信网络的基础上，通过先进的传感和测量技术、先进的设备技术、先进的控制方法以及先进的决策支持系统技术的应用，实现电网的安全、可靠、经济、高效、环境友好和使用安全的目标，其主要特征包括自愈、激励、抵御攻击、提供满足21世纪用户需求的电能质量、容许各种不同发电形式的接入、

启动电力市场以及资产的优化高效运行。

美国国家标准技术研究院给出的智能电网定义：一个由众多自动化的输电和配电系统构成的电力系统，以协调、有效和可靠的方式实现所有的电网运作，具有自愈功能；快速响应电力市场和企业业务需求；具有智能化的通信架构，实现实时、安全和灵活的信息流，为用户提供可靠、经济的电力服务。

（2）智能电网标准。

在大规模建设智能电网之前，制定智能电网标准体系是首要任务。智能电网标准将会覆盖整个电网。由于智能电网系统是一个非常复杂的系统，制定标准时需要理解它的主要组成部分以及它们之间的相互关系和互操作的接口特性，并制定网络安全策略。

美国智能电网标准以商务部下属的国家标准技术研究院（NIST）为主，目前，NIST的智能电网标准体系涉及7个领域（发电、输电、配电、市场、运营、服务商和客户），用于规范智能电网以下行为特征：①充分利用数字信息和控制技术，提高电网的可靠性、安全性和效率；②动态优化电网的运行和资源；③部署和整合包括可再生资源在内的分布式发电；④部署和管理需求响应，需求侧资源和能效资源；⑤部署计量和通信智能化技术，监控输电和配电运行状态；⑥集成智能应用和消费类设备；⑦部署和集成先进的电力储存和调峰技术，包括插入式电动汽车、混合动力电动汽车和蓄热空调；⑧提供及时信息和控制选项。

2009年5月4日，国际电气与电子工程师协会宣布了一项名为"IEEE P2030指南：能源技术及信息技术与电力系统（EPS）、最终应用及负载的智能电网互操作性"的项目。IEEE的2030项目主要内容在于以下3个方面：电力工程、信息技术和互通协议等方面标准和原则。通过开放标准进程，为理解和定义智能电网互操作性提供一个知识基础，帮助电力系统与最终应用及设备协同工作，为未来与智能电网相关的标准制定建立基础。

2009年5月，国家电网公司宣布了"坚强智能电网"计划。该计划分为三个阶段：2009～2010年为规划试点阶段，重点开展"坚强智能电网"发展计划，制定技术和管理标准，开展关键技术研发和设备研制，开展各环节试点；2011——2015年是全面建设阶段，将加快特高压网和城乡配电网建设，初步形成智能网运行控制和互动服务体系，关键技术和装备实现重大突破和广泛应用；2016——2020年为引领提升阶段，将全面建成统一的坚强智能电网，技术和设备达到国际先进水平。

第三章

物联网技术

物联网是融合传感器、通信、嵌入式系统、网络等多个技术领域的新兴产业，是继计算机、互联网和移动通信之后信息产业的又一次革命性发展。物联网旨在达成设备间相互联通，实现局域网范围内的物品智能化识别和管理。本章内容分为六节，分别介绍了物联网技术中的无线传感网络技术、传感器技术、射频（RFID）技术、M2M技术、云计算和中间件技术。

第一节　无线传感网络技术

一、无线传感网络体系结构

在无线传感网络中，结点以自组织形式构成网络，通过多跳中继方式将监测数据传到sink结点，最终借助长距离或临时建立的sink链路将整个区域内的数据传送到远程中心进行集中处理。卫星链路可用做sink链路；借助游弋在监测区上空的无人飞机回收sink结点上的数据也是一种方式，UC Berkeley在进行UAV（Unmanned Aerial Vehicle）项目的外场测试时便采用了这种方式。如果网络规模太大，可以采用聚类分层的管理模式。

无线传感器网络各层都涉及三项管理：能量管理、任务管理和移动管理。但是，各层实现这3项管理的侧重点不同。例如，应用层主要考虑任务管理，给各个子网和传感器结点分配监测任务，应用层也考虑移动管理；而能量管理则由网络层与数据链路层承担，移动管理在这两层也有一定的实现（如SAR协议）；物理层也有能量管理，但是较少考虑移动管理和任务管理问题。

二、无线传感网络的基本特点

（一）节点数量大、密度高

由于无线传感网络节点的微型化，每个节点的通信和传感半径有限，一般为十几米范围，而且为了节能，传感器节点大部分时间处于睡眠状态，所以往往通过布设大量的传感器节点来保证网络的质量。无线传感网络的节点数量和密度

都要比通常的Ad hoc网络高几个数量级，可能达到每平方米上百个节点的密度，甚至多到无法为单个节点分配统一的物理地址。这会带来一系列问题，如信号冲突、信息的有效传送路径的选择、大量节点之间如何协同工作等。

（二）节点体积小、能量有限

无线传感网络是在微电机系统技术、数字电路技术基础上发展起来的，传感器节点各部分集成度很高，因此具有体积小的优点，通常只能携带能量十分有限的电池。由于传感器节点数目庞大、分布区域广，而且部署环境复杂，甚至人员不能到达，无法通过更换电池的方式来补充能量，所以传感器节点的电池能量限制是整个传感器网络设计最为关键的约束之一，它直接决定了网络的工作寿命。因此在考虑传感器网络体系结构以及各层协议设计时，节能是设计的主要考虑目标之一。

（三）通信半径小，带宽低

无线传感器网络是利用"多跳"来实现低功耗下的数据传输的，因此其设计的通信覆盖范围只有几十米。和传统无线网络不同，传感器网络中传输的数据大部分是经过节点处理过的数据，因此流量较少。根据目前观察到的现象特性来看，传感数据所需的带宽将会很低（1~100 kbit/s）。

（四）节点拓扑结构变化很快，具有较强的自适应性

由于无线传感网络中传感器节点密集、数量巨大，而且分布区域广泛，传感器节点在工作和睡眠状态之间切换以及传感器节点随时可能由于各种原因发生故障而失效，或者有新的传感器节点补充进来以提高网络的质量，这些特点都使得无线传感网络的拓扑结构变化很快，而且网络一旦形成，人很少干预其运行，这对网络各种算法（如路由算法和链路质量控制协议等）的有效性提出了挑战。因此，无线传感网络的软、硬件必须具有高强壮性和容错性，相应的通信协议必须具有可重构和自适应性。

（五）无中心和自组织

在无线传感网络中，所有节点的地位都是平等的，没有预先指定的中心，各节点通过分布式算法来相互协调，可以在无人工干预和任何其他预置的网络设施的情况下，节点自动组织成网络。正是由于无线传感网络没有中心，所以网络不会因为单个节点的损坏而损毁，使得网络具有较好的鲁棒性和抗毁性。

（六）以数据为中心的网络

对于观察者来说，无线传感网络的核心是感知数据而不是网络硬件。以数据为中心的特点要求无线传感网络的设计必须以感知数据管理和处理为中心，把数据库技术和网络技术紧密结合，从逻辑概念和软、硬件技术两个方面实现一个高性能的以数据为中心的网络系统，使用户如同使用通常的数据库管理系统和数据处理系统一样自如地在无线传感网络上进行感知数据的管理和处理。以数据为中心的特点要求无线传感网络能够脱离传统网络的寻址过程，快速、有效地组织起各个节点的信息并融合提取出有用信息直接传送给用户。

三、无线传感器网络的关键技术

（一）网络拓扑控制

对于无线的自组织传感器网络而言，网络拓扑控制具有特别重要的意义。通过拓扑控制自动生成的良好的网络拓扑结构，能够提高路由协议和MAC协议的效率，可为数据融合、时间同步和目标定位等很多方面奠定基础，有利于节省结点的能量来延长网络的生存期。所以，拓扑控制是无线传感器网络研究的核心技术之一。

传感器网络拓扑控制目前主要的研究问题是在满足网络覆盖度和连通度的前提下，通过功率控制和骨干网结点选择，剔除结点之间不必要的无线通信链路，生成一个高效的数据转发的网络拓扑结构。拓扑控制可以分为结点功率控制和层次型拓扑结构形成两个方面。功率控制机制调节网络中每个结点的发射功率，在满足网络连通度的前提下，减少结点的发送功率，均衡结点单跳可达的邻居数目；已经提出了COMPOW等统一功率分配算法，LINT/LILT和LMN/LMA等基于结点度数的算法，CBTC、LMST、RNG、DRNG和DLSS等基于邻近图的近似算法。层次型的拓扑控制利用分簇机制，让一些结点作为簇头结点，由簇头结点形成一个处理并转发数据的骨干网，其他非骨干网结点可以暂时关闭通信模块，进入休眠状态以节省能量。目前提出了TopDisc成簇算法、改进的GAF虚拟地理网格分簇算法，以及LEACH和HEED等自组织成簇算法。

除了传统的功率控制和层次型拓扑控制，人们也提出了启发式的结点唤醒和休眠机制。该机制能够使结点在没有事件发生时设置通信模块为睡眠状态，而在有事件发生及时自动醒来并唤醒邻居结点，形成数据转发的拓扑结构。这种机

制重点在于解决结点在睡眠状态和活动状态之间的转换问题，不能够独立作为一种拓扑结构控制机制，因此需要与其他拓扑控制算法结合使用。

（二）网络安全

无线传感器网络作为任务型的网络，不仅要进行数据传输，而且要进行数据采集和融合、任务的协同控制等。如何保证任务执行的机密性、数据产生的可靠性、数据融合的高效性以及数据传输的安全性，就成为无线传感器网络安全问题需要全面考虑的内容。

为了保证任务的机密布置和任务执行结果的安全传递和融合，无线传感器网络需要实现一些最基本的安全机制：机密性、点到点的消息认证、完整性鉴别、新鲜性、认证广播和安全管理。除此之外，为了确保数据融合后数据源信息的保留，水印技术也成为无线传感器网络安全的研究内容。

虽然在安全研究方面，无线传感器网络没有引入太多的内容，但无线传感器网络的特点决定了它的安全与传统网络安全在研究方法和计算手段上有很大的不同。首先，无线传感器网络的单元结点各方面的能力都不能与目前互联网的任何一种网络终端相比，所以必然存在算法计算强度和安全强度之间的权衡问题，如何通过更简单的算法实现尽量坚固的安全外壳是无线传感器网络安全的主要挑战；其次，有限的计算资源和能量资源往往需要系统的各种技术综合考虑，以减少系统代码的数量，如安全路由技术等；再次，无线传感器网络任务的协作特性和路由的局部特性使结点之间存在安全耦合，单个结点的安全泄露必然威胁网络的安全，所以在考虑安全算法的时候要尽量减小这种耦合性。

无线传感器网络SPINS安全框架在机密性、点到点的消息认证、完整性鉴别、新鲜性、认证广播方面定义了完整有效的机制和算法。安全管理方面目前以密钥预分布模型作为安全初始化和维护的主要机制，其中随机密钥对模型、基于多项式的密钥对模型等是目前最有代表性的算法。

（三）时间同步

时间同步是需要协同工作的传感器网络系统的一个关键机制。例如，测量移动车辆速度需要计算不同传感器检测事件时间差，通过波束阵列确定声源位置结点间时间同步。NTP是互联网上广泛使用的网络时间协议，但只适用于结构相对稳定、链路很少失败的有线网络系统；GPS系统能够以纳秒级精度与世界标准

时间（UTC）保持同步，但需要配置固定的高成本接收机，同时在室内、森林或水下等有掩体的环境中无法使用GPS系统。因此，它们都不适合应用在传感器网络中。

Jeremy Elson和Kay Romer在2002年8月的HotNets－I国际会议上首次提出并阐述了无线传感器网络中的时间同步机制的研究课题，在传感器网络研究领域引起了关注。目前已提出了多个时间同步机制，其中RBS、TNY/MINI-SYNC和TPSN被认为是3个基本的同步机制。RBS机制是基于接收者——接收者的时钟同步：一个结点广播时钟参考分组，广播域内的两个结点分别采用本地时钟记录参考分组的到达时间，通过交换记录时间来实现它们之间的时钟同步。TINY/MINI-SYNC是简单的轻量级的同步机制：假设结点的时钟漂移遵循线性变化，那么两个结点之间的时间偏移也是线性的，可通过交换时标分组来估计两个结点间的最优匹配偏移量。TPSN采用层次结构实现整个网络结点的时间同步：所有结点按照层次结构进行逻辑分级，通过基于发送者——接收者的结点对方式，每个结点能够与上级的某个结点进行同步，从而实现所有结点都与根结点的时间同步。

（四）定位技术

位置信息是传感器结点采集数据中不可缺少的部分，没有位置信息的监测消息通常毫无意义。确定事件发生的位置或采集数据的结点位置是传感器网络最基本的功能之一。为了提供有效的位置信息，随机部署的传感器结点必须能够在布置后确定自身位置。由于传感器结点存在资源有限、随机部署、通信易受环境干扰甚至结点失效等特点，定位机制必须满足自组织性、健壮性、能量高效、分布式计算等要求。

根据结点位置是否确定，传感器结点分为信标结点和位置未知结点。信标结点的位置是已知的，位置未知结点需要根据少数信标结点，按照某种定位机制确定自身的位置。在传感器网络定位过程中，通常会使用三边测量法、三角测量法或极大似然估计法确定结点位置。根据定位过程中是否实际测量结点间的距离或角度，把传感器网络中的定位分类为基于距离的定位和距离无关的定位。

基于距离的定位机制就是通过测量相邻结点间的实际距离或方位来确定未知结点的位置，通常采用测距、定位和修正等步骤实现。根据测量结点间距离或方位时所采用的方法，基于距离的定位分为基于TOA的定位、基于TDOA的定位、基于AOA的定位、基于RSSI的定位等。由于要实际测量结点间的距离或角度，基于距离的定位机制通常定位精度相对较高，所以对结点的硬件也提出了很高的要求。距离无关的定位机制无须实际测量结点间的绝对距离或方位就能够确定未知结点的位置，目前提出的定位机制主要有质心算法、DV-Hop算法、Amorphous算法、APIT算法等。由于无须测量结点间的绝对距离或方位，因而降低了对结点硬件的要求，使得结点成本更适合于大规模传感器网络。距离无关的定位机制的定位性能受环境因素的影响小，虽然定位误差有所增加，但定位精度能够满足多数传感器网络应用的要求，是目前人们重点关注的定位机制。

除了上述几种技术外，无线传感器网络的关键技术还包括网络协议、数据融合、数据管理、无线通信技术等，由于篇幅有限，这里就不再一一介绍。

第二节　传感器技术

一、传感器的定义

传感器是一种能把特定的被测量信息按一定规律转换成某种可用信号输出的器件或装置，以满足信息的传输、处理、记录、显示和控制等要求。应当指出，这里所谓的"可用信号"是指便于处理、传输的信号，一般为电信号，如电压、电流、电阻、电容、频率等。传感器的共同特点是利用各种物理、化学、生物效应等实现对被检测量的测量。可见，在传感器中包含着两个必不可少的概念：一是检测信号；二是能把检测的信息变换成一种与被测量有确定函数关系而且便于传输和处理的量。例如，传声器（话筒）就是这种传感器，它感受声音的强弱，并转换成相应的电信号；气体传感器感受空气环境中气体成分的变化；电感式位移传感器能感受位移量的变化，并把它们转换成相应的电信号。

随着信息科学与微电子技术，特别是微型计算机与通信技术的快速发展，传统传感器已开始与微处理器、微型计算机相结合，形成了兼有信息检测和信息处理等多项功能的智能传感器。

二、传感器的性能指标及要求

传感器的优劣，一般通过若干性能指标来表示。除了在一般检测系统中所用的特征参数（如灵敏度、线性度、分辨率、准确度、频率特性等）之外，还常用阈值、漂移、过载能力、稳定性、可靠性以及与环境相关的参数、使用条件等。不同的传感器常常根据实际需要来确定其指标参数，有些指标可以低些或不考虑。下面简单介绍阈值、漂移、过载能力、稳定性、重复性的定义，以及可靠性的指标内容和传感器工作要求。

（1）阈值。零位附近的分辨力，也就是指能使传感器输出端产生可测变化量的最小被测输入量值。

（2）漂移。一定时间间隔内传感器输出量存在着与被测输入量无关的、不需要的变化，包括零点漂移与灵敏度漂移。

（3）过载能力。传感器在不致引起规定性能指标永久改变的条件下，允许超过测量范围的能力。

（4）稳定性。传感器在具体时间内仍保持其性能的能力。

（5）重复性。传感器输入量在同一方向做全量程内连续重复测量所得输出／输入特性曲线不一致的程度。产生不一致的主要原因，是传感器的机械部分不可避免地存在着间隔、摩擦和松动等。

（6）可靠性。通常包括工作寿命、平均无故障时间、保险期、疲劳性能、绝缘电阻、酶压等指标。

（7）传感器工作要求。主要要求有高精度、低成本、高灵敏度、稳定性好、工作可靠、抗干扰能力强、动态特性良好、结构简单、使用维护方便、功耗低等。

三、传感器的组成

传感器是能感受规定的被测量，并按一定的规律性转换成可用输出信号的器件或装置，通常由敏感元器件、转换元器件和变换电路组成。

（一）敏感元器件

直接感受被测量，并输出与被测量成确定关系的物理量。能敏锐地感受某种物理、化学、生物的信息，并将其转变为电信息的特种电子元器件。有些传感器的敏感元器件与转化元器件合并在一起，如半导体气体、湿度传感器等。

（二）转换元器件

敏感元器件的输出就是它的输入，转换器电路参量。有些传感器的敏感元器件与转化元器件是合并在一起的，例如，半导体气体、湿度传感器等。

（三）变换电路

变换电路将电路参数接入转换电路，便可转换成电量输出。实际上，有些传感器很简单，仅由一个敏感元件（兼做转换元件）组成，它感受被测量时直接输出电量，如热电偶；有些传感器由敏感元件和转换元件组成，没有转换电路；还有些传感器的转换元件不止一个，要经过若干次转换，较为复杂，大多数是开环系统，也有些是带反馈的闭环系统。

四、常见传感器类型介绍

（一）温度传感器

温度传感器利用物质各种物理性质随温度变化的规律把温度转换为电量。这些呈现规律性变化的物理性质主要有金属导体和半导体材料。温度传感器是最早开发，应用最广的一类传感器。温度传感器主要有电阻式传感器、热电偶传感器、PN结温度传感器和集成温度传感器等。

由于大多数金属材料得到电阻都具有随温度变化的特性，电阻式传感器就是利用金属材料的温度系数而制成的温度传感器。

热电偶传感器（简称热电偶）是建立在物体的热电效应的基础之上。其基本原理是两种不同成分的材质导体组成闭合回路，当两端存在温度梯度时，回路中就会有电流通过，此时两端之间就存在电动势，即热电动势。这类传感器主要用于高温测量，如冶金行业的锅炉温度测量。

晶体二极管或晶体管的PN结的结电压是随温度而变化的，利用这种特性可以直接采用二极管或采用硅晶体管接成二极管来做PN结温度传感器。这种传感器有较好的线性，尺寸小的特点。

（二）湿度传感器

空气的干湿程度叫作湿度，常用绝对湿度、相对湿度、比较湿度、混合比、饱和差以及露点等物理量来表示。通常空气的温度越高，最大湿度就越大。随着时代的发展，科研、农业、暖通、纺织、机房、航空航天、电力等工业部门

越来越需要采用湿度传感器。

湿度传感器基本都是利用湿敏材料对水分子的吸附能力或对水分子产生物理效应的方法测量湿度。湿敏元件是最简单的湿度传感器。湿敏元件主要分为两大类：水分子亲和力型湿敏元件和非水分子亲和力型湿敏元件。利用水分子有较大的偶极矩，易于附着并渗透入固体表面的特性制成的湿敏元件称为水分子亲和力型湿敏元件。例如，利用水分子附着或浸入某些物质后，其电气性能（电阻值、介电常数等）发生变化的特性可制成电阻式湿敏元件、电容式湿敏元件；利用水分子附着后引起材料长度变化，可制成尺寸变化式湿敏元件，如毛发湿度计。金属氧化物是离子型结合物质，有较强的吸水性能，不仅有物理吸附，而且有化学吸附，可制成金属氧化物湿敏元件。这类元件在应用时附着或浸入被测的水蒸气分子，与材料发生化学反应生成氢氧化物，或一经浸入就有一部分残留在元件上而难以全部脱出，导致重复使用时元件的特性不稳定，测量时有较大的滞后误差和较慢的反应速度。目前应用较多的均属于这类湿敏元件。

另一类非亲和力型湿敏元件利用其与水分子接触产生的物理效应来测量湿度。例如，利用热力学方法测量的热敏电阻式湿度传感器，利用水蒸气能吸收某波长段的红外线的特性制成的红外线吸收式湿度传感器等。

（三）位移传感器

位移是和物体的位置在运动过程中的移动有关的量，位移的测量方式所涉及的范围是相当广泛的。位移有线位移和角位移两种。线位移是指物体沿着某一条直线移动的距离；角位移是指物体绕着某一定点旋转的角度。在机械工程中经常要精确测量零部件的位移或位置，并且力、压力、转矩、速度、加速度、温度、流量等参数也可经转换为位移进行测量。

小位移通常用应变式、电感式、差动变压器式、涡流式、霍尔式传感器来检测，大的位移常用感应同步器、光栅、容栅、磁栅等传感技术来测量。其中光栅传感器因具有易实现数字化、精度高（目前分辨率最高的可达到纳米级）、抗干扰能力强、没有人为读数误差、安装方便、使用可靠等优点，在机床加工、检测仪表等行业中得到日益广泛的应用。

（四）加速度传感器

加速度传感器是以加速度的观点来测量物体运动的传感器。加速度计所测量的加速度包括一般性物体的移动速度变化（直线加速度）、物体的低频晃动、高频振动等。因此，从检测重力等静态加速度的加速计到10 kHz高频响应加速度计，加速度计的种类繁多。加速度传感器主要包括压电式加速度传感器、集成电路式压电加速度传感器、压阻式加速度传感器和变电容式加速度传感器。

压电式加速度传感器运用了压敏元件，在加速度增加时压敏元件所发出的电荷直接由电缆导出。压电式加速度传感器的特点是体积较小、重量较轻、使用温度范围广。

集成电路式压电加速度传感器使用了压敏元件，内部具有电荷——电压的转换回路，因此被称为集成电路式压电加速度传感器。通过在加速度传感器内部安装转换器回路，在小型化的基础上又实现了高灵敏度化。

压阻式加速度传感器内部具有半导体感应元件，在半导体元件上形成可变电阻。通过可变电阻在全桥或半桥状态形成惠斯顿电桥，针对施加在电桥上的电压，观测一方输出电压的变动来测量加速度。压阻式加速度传感器适用于测量车辆振动、汽车碰撞试验、爆炸试验等产生的冲击程度。

变电容式加速度传感器中各个感应元件用晶体硅通过小型精密技术制成，具有平行板状容量的设计，内部电子回路可以在很广的温度范围内非常稳定地高额输出。

（五）烟雾传感器

烟雾传感器属于气体传感器，是气——电变换器，它将可燃性气体在空气中的含量（即浓度）转化成电压或者电流信号，通过A-D转换电路将模拟量转换成数字量后送到单片机，进而由单片机完成数据处理、浓度处理及报警控制等工作。

烟雾传感器种类繁多，从检测原理上可以分为三大类：

（1）利用物理化学性质的烟雾传感器：如半导体烟雾传感器、接触燃烧烟雾传感器等。

（2）利用物理性质的烟雾传感器：如热导烟雾传感器、光干涉烟雾传感器、红外传感器等。

（3）利用电化学性质的烟雾传感器：如电流型烟雾传感器、电动势型气体传感器等。

第三节　射频识别（RFID）技术

一、RFID技术的定义

RFID技术是一种非接触式的自动识别技术，它通过射频信号自动识别目标对象，RFID速地进行物品追踪和数据交换。识别工作无须人工干预，可工作于各种恶劣环境中。RFID技术可识别高速运动物体，并可同时识别多个标签，操作快捷方便，为企业资源规划和客户关系管理等业务系统完美实现提供了可能，并且能对业务与商业模式有较大提升。近年来，RFID因其具备的远距离读取、高存储量等特性而备受瞩目。RFID不仅可以帮助一个企业大幅提高货物信息管理的效率，而且可以让销售企业和制造企业互联，从而更加准确地接受反馈信息，控制需求信息，优化整个供应链。

二、RFID系统的组成

（一）电子标签

在RFID系统中，电子标签相当于条码技术中的条码符号，用来存储需要识别传输的信息，是射频识别系统真正的数据载体。一般情况下，电子标签由标签天线（耦合元器件）和标签专用芯片组成（最新提出的无芯片射频标签以及声表面波SAW标签未来可能会有较大的发展，目前还处在产品萌芽初期），其中包含带加密逻辑、串行电可擦除及可编程式只读存储器（E2PROM）、逻辑控制以及射频收发及相关电路。电子标签具有智能读写和加密通信的功能，通过无线电波与阅读器进行数据交换，工作的能量是由阅读器发出的射频脉冲提供。当系统工作时，阅读器发出查询信号（能量），电子标签（无源）收到查询信号（能量）后将其一部分整流为直流电源供电子标签内的电路工作，另一部分能量信号被电子标签内保存的数据信息调制后反射回阅读器。

其内部各模块功能如下所述。

（1）天线。用来接收由阅读器送来的信号，并把所要求的数据送回阅读器。

（2）电压调节器。把由阅读器送来的射频信号转换成直流电压，并经大电容贮存能量，再经稳压电路以提供稳定的电源。

（3）射频收发模块。包括调制器和解调器。调制器：逻辑控制模块送出的数据经调制电路调制后，加载到天线送给阅读器；解调器：把载波去除以取出真正的调制信号。

（4）逻辑控制模块。用来译码阅读器送来的信号，并依其要求送回数据给阅读器。

（5）存储器。包括E2PROM和ROM，作为系统运行及存放识别数据的空间。

（二）阅读器

阅读器即对应于电子标签的读写设备，在RFID系统中扮演着重要的角色，主要负责与电子标签的双向通信，同时接受来自主机系统的控制命令。阅读器通过与电子标签之间的空间信道向电子标签发送命令，电子标签接收阅读器的命令后做出必要的响应，由此实现射频识别。此外，在射频识别系统中，一般情况下，通过阅读器实现的对电子标签数据的无接触收集或由阅读器向电子标签写入的标签信息，均要回送到应用系统中或来自应用系统，这就形成了阅读器与应用系统程序之间的接口API（Application Program Interface）。一般要求阅读器能够接收来自应用系统的命令，并且根据应用系统的命令或约定的协议做出相应的响应（回送收集到的标签数据等）。阅读器的频率决定了RFID系统工作的频段，其功率决定了射频识别的有效距离。阅读器根据使用的结构和技术不同可以是读或读/写装置。它是RFID系统的信息控制和处理中心。典型的阅读器本身从电路实现角度来说，包括射频模块（射频接口）、逻辑控制模块以及阅读器天线。此外，许多阅读器还有附加的接口（RS-232.RS-485、以太网接口等），以便将所获得的数据传向应用系统或从应用系统中接收命令。其内部各模块功能如下所述。

1.逻辑控制模块

与应用系统软件进行通信，并执行应用系统软件发来的命令。控制与电子标签的通信过程（主——从原则），将发送的并行数据转换成串行的方式发出，

而将收到的串行数据转换成并行的方式读入。

2.射频模块

产生高频发射功率以启动电子标签，并提供能量。对发射信号进行调制（装载），经由发射天线发送出去，发送出去的射频信号（可能包含有传向标签的命令信息）经过空间传送（照射）到电子标签上，接收并解调（卸载）来自电子标签的高频信号，将电子标签回送到读写器的回波信号进行必要的加工处理，并从中解调，提取出电子标签回送的数据。

射频模块与逻辑控制模块的接口为调制（装载）/解调（卸载），在系统实现中，通常射频模块包括调制/解调部分，并且也包括解调之后对回波小信号的必要加工处理（如放大、整形等）。在一些复杂的RFID系统中都附加了防碰撞单元和加密、解密单元。防碰撞单元是具有防碰撞功能的RFID系统所必需的，而加密、解密单元使得数据的安全性得到了保证。

（三）天线

天线在电子标签和阅读器间传递射频信号，是电子标签与阅读器之间传输数据的发射、接收装置。天线的目标就是传输最大的能量进出标签芯片。在实际应用中，除了系统功率之外，天线的形状和相对位置也会影响数据的发射和接收，需要专业人员对系统的天线进行设计、安装。

三、RFID的关键技术

（一）物理层关键技术

EPC协议中，规定RFID的前向通信采取双边带幅移键控、单边带幅移键控或者反向幅移键控等调制方式。在链路时序方面，EPC协议规定了读写器发送不同命令时，读写器发送命令到标签响应命令的时间间隔的上下限。

在数据信息的帧结构方面，EPC中标准RS-232通信协议规定RFID读写模块中的RS-232接口电路的帧结构：1个起始位，8个数据位，1个停止位，无奇偶校验。数据的传输速率被规定为9600 bps，当然，速率也并不是固定不变的，可根据用户的通信要求将速率定制为57600 bps。

EPC Gen-2标准将RFID分为物理层和标签标识层两层。EPC Gen-2标准中提到的关键技术包含数据编码和调制方式、差错控制编码技术、数据加密及防冲突算法等。

1.PIE编码

Gen-2标准中，采用脉冲间隔编码（Pulse Interval Encoding，PIE）作为前向通信时的数据编码方式。此方式的原理是通过脉冲间隔长度的差异来区别数据0和1，且在任一符合数据的中间产生一次相位翻转。

PIE编码具备极性翻转特性，这一优势使得编码数据可以有唯一译码，另外还有一个优点是物理实现相对容易。PIE编码的具体流程是，标签接收脉冲数据，并与参考脉冲宽度相比较（参考脉冲宽度=（数据0脉冲宽度+数据1脉冲宽度）/2），若此脉冲数据宽度大于参考脉冲宽度，判为1；反之则判为0。

PIE编码还包括时钟信息，能在通信过程中保证数据的同步以抗各种无线干扰，从而提高数据收发的可靠性。

2.基带FMO编码

Gen-2标准中可选基带FMO编码作为反向链路通信的数据编码方式。它的原理是采用双相位空间编码，信号相位的翻转必须发生在每一个符号边界。

3.密列编码调制副载波

密列编码调制副载波（Miller-modulated subcarrier）是Gen-2标准中另一个可用于反向链路通信的数据编码方式。在基本信号波形和信号状态图方面，其与基带FMO编码相似。

当然必有不同之处，基带密列编码的相位翻转是仅仅发生在两个连续符号0之间的，发射波形是基带波形乘以 M（M =为2、4、8）倍符号速率的方波信号。且密勒码调制信号中自带时钟信息，具备较好的抗干扰功能。

4.差错控制编码技术

RFID工作在ISM频段，设备的正常工作受到各种无线干扰、标签之间及阅读器之间的相互干扰影响。为了兼顾电子标签不能使用较复杂的前向纠错（FEC）编码技术，Gen-2标准采用检错能力很强的循环冗余检验码CRC-16，其生成多项式为 $x^{16} + x^{12} + x^{5} +1$。

5.数据信息加密技术

加密技术多种多样，Gen-2标准中采用了较为简易的加密算法，即不考虑其他数据，只对阅读器传送到标签的数据进行加密，这样一来就缩短了数据处理时间，提高了效率。处理过程大概如下：首先，阅读器从标签得到一个16位随机数字，然后阅读器把要传送的16位数据与所要传输的原始数据逐位进行模2和计算

得到密文，最后标签把接收到的密文与原16位随机数字再次进行逐位模2和，得到阅读器想要发送的原始数据，这就是解密过程。

（二）MAC层关键技术

1.标签访问控制技术

阅读器管理标签的三个基本操作是选择、清点和访问。首个操作类似于从数据库中选择记录。阅读器发出一个查询命令来开启一轮清点，就会有一些标签对此响应。若只有一个标签响应，阅读器请求该标签的PC，EPC和CRC-16；若存在多个标签响应，就要启动防碰撞处理，这是因为在阅读器和单个标签进行读或者写之前，必须保证标签是被唯一识别的。

2.防碰撞算法

如上所述，阅读器在一轮清点中有多个标签响应，阅读器就要进行碰撞仲裁。EPC协议中采用ALOHA算法，该算法的缺点在于清点效率只有33%，急需解决标签数目估计问题。

3.安全加密技术

安全加密运用在三种操作当中，首先在读操作时，阅读器向标签发送读的指令，标签传送出相应数据；在进行读写操作时，阅读器向标签请求一组随机数，阅读器在接收到这个随机数后遂与待传输的原始数据进行异或运算。传输给标签，标签将接收到的数据经过再次异或后放入存储器；在进行访问指令和杀死指令时，阅读器同样先向标签请求一个随机数，同样进行异或操作后传输数据至标签，以达到数据在阅读器到标签的前向通道被掩盖的效果。

四、RFID的特点

1.体积小型化、形状多样化

RFID标签在读取上并不受尺寸大小与形状限制，不需要为了读取精确度而配合纸张的固定尺寸和印刷品质。此外，RFID标签更可向小型化与多样化形态发展，以应用于不同产品。

2.数据的记忆容量大

RFID标签最大的数据容量可以达到数MB，是条形码容量的数十倍。随着记忆载体的发展，数据容量也有不断扩大的趋势。未来物品所需要携带的资料量会越来越大，对标签所能扩充容量的需求也相应增加。

3.耐环境性

RFID标签防水、防磁、耐高温、不受环境影响、无机械磨损、寿命长、不需要以目视可见为前提，可以在那些条码技术无法适应的恶劣环境下使用，如高粉尘污染、野外等。

4.可反复使用

RFID标签上的数据可反复修改，既可以用来传递一些关键数据，也使得RFID标签能够在企业内部进行循环重复使用，将一次性成本转化为长期分摊的成本。

5.数据读写方便

RFID标签无须像条码标签那样瞄准读取，只要被置于读取设备形成的电磁场内就可以准确读到；RFID标签能穿透纸张、木材和塑料等非金属或非透明的材质，并能进行穿透性通信；RFID每秒钟可进行上千次的读取．能同时处理许多标签，高效且准确。

6.安全性

RFID标签承载的是电子式信息，其芯片不易被伪造，在标签上可以对数据采取分级保密措施。读写器无直接对最终用户开放的物理接口，能更好地保证系统的安全。

第四节　M2M 技术

一、M2M的含义

20世纪90年代中后期，随着各种通信手段（如因特网、遥感勘测、远程信息处理、远程控制等）的发展，加之地球上各类设备的不断增加，人们开始越来越多地关注如何对设备和资产进行有效监视和控制，甚至如何用设备控制设备。"M2M"理念由此起源。

M2M最早的出处无从考证。较为熟知的是，2002年9月20日，全球知名企业

OPTO 22和诺基亚联合发布的一条消息中，采用了当时风靡一时的术语"M2M"来诠释双方正在开发中的解决方案——"以以太网和无线网为基础，实现网络通信中各实体间的信息交流"，这是M2M正式在市场上出现的标志。另外，2003年诺基亚产品经理Damian Pisani在题为《M2M技术—让你的机器开口讲话》的白皮书中提到"M2M旨在实现人、设备、系统间的连接"，此后"人、设备、系统的联合体"便成了M2M的特点标签。

M2M有狭义和广义之分。狭义的M2M指机器到机器的通信；广义的M2M指以机器终端智能交互为核心的、网络化的应用与服务。M2M基于智能机器终端，以多种通信方式为接入手段，为客户提供信息化解决方案，满足客户对监控、指挥调度、数据采集和测量等方面的信息化需求。M2M的扩展概念包括"Machine to Mobile"—"机器对移动设备""Man to Machine"—"人对机器"等。M2M提供了设备实时数据在系统之间、远程设备之间、机器与人之间建立通信连接的简单手段，旨在通过通信技术来实现人、机器、系统三者之间的智能化、交互式无缝连接，从而实现人与机器、机器与机器之间畅通无阻、随时随地的通信。

M2M综合了数据采集、远程监控、通信、信息处理等技术，能够使业务流程自动化，集成公司IT系统和非IT设备的实时状态，并创造增值服务。M2M可在安全监测、自动读取停车表、机械服务和维修业务、自动售货机、公共交通系统、车队管理、工业流程自动化、电动机械、城市信息化等环境中提供广泛的应用和解决方案，目前已经得到了惠普（HP）、CA、英特尔、IBM、AT&T、爱立信、诺基亚（Nokia）、欧姆龙（OMRON）等设备商和运营商的支持。

M2M不是简单的数据在机器和机器之间的传输，更重要的是，它是机器和机器之间的一种智能化、交互式的通信。也就是说，即使人们没有实时发出信号，机器也会根据既定程序主动进行通信，并根据所得到的数据智能化地做出选择，对相关设备发出正确的指令。可以说，智能化、交互式成为M2M有别于其他应用的典型特征，这一特征下的机器也被赋予了更多的"思想"和"智慧"。

二、M2M系统结构

（一）M2M终端

M2M终端具有的功能主要包括接收远程M2M平台激活指令、本地故障报警、数据通信、远程升级、使用短消息/彩信/GPRS等几种接口通信协议与M2M平台进行通信。M2M终端主要包括行业专用终端、无线调制解调器、手持设备三种类型。

1.行业专用终端通常由终端设备（TE）和无线模块（MT，移动终端）两部分构成。TE主要完成行业数字模拟量的采集和转化；MT主要完成数据传输、终端状态检测、链路检测及系统通信功能。终端管理模块为软件模块，可以位于TE或MT设备中，主要负责维护和管理通信及应用功能，为应用层提供安全可靠和可管理的通信服务，包括参数配置、出厂预设、监测通信状态、故障恢复、报警、安全、功能切换、通信链路维持等。

2.无线调制解调器又称为无线模块，具有终端管理模块功能和无线接入能力。用于在行业监控终端与系统间无线收发数据。

3.手持设备通常具有查询M2M终端设备状态、远程监控行业作业现场和处理办公文件等功能。

（二）M2M管理平台

M2M管理平台为客户提供统一的移动行业终端管理、终端设备鉴权；支持多种网络接入方式，提供标准化的接口使得数据传输简单直接；提供数据路由、监控、用户鉴权、内容计费等管理功能。

M2M平台按照功能划分为通信接入模块、终端接入模块、应用接入模块、业务处理模块、数据库模块和Web模块等。

1.通信接入模块

通信接入模块包括行业网关接入模块和GPRS接入模块。行业网关接入模块负责完成行业网关的接入，通过行业网关完成与短信网关、彩信网关的接入，最终完成与M2M终端的通信。GPRS接入模块使用GPRS方式与M2M终端传送数据。

2.终端接入模块

终端接入模块负责M2M平台系统通过行业网关或GGSN与M2M终端收发协议消息的解析和处理。该模块支持基于短消息、USSD、彩信、GPRS几种接口通信协议消息，通过将不同网络通信承载协议的接口消息进行处理后，封装成统一的接口消息提供给业务处理模块，从而使业务处理模块专注于业务消息的逻辑处理，而不必关心业务消息承载于哪种通信通道，保证了业务处理模块对于不同网络通信承载协议的稳定性。终端接入模块实现对终端消息的解析和校验，以保证消息的正确性和完整性，并实现流量控制和过负荷控制，以消除过量的终端消息

对M2M平台的冲击。同时，终端接入模块负责完成与行业网关的各种通信方式的处理，并接收行业网关从行业终端采集的完整信息，实现终端上线认证、参数配置、数据转发、终端的故障上报信息统计等功能。

3.应用接入模块

应用接入模块实现M2M应用系统到M2M平台的接入。通过该模块M2M平台对接入的应用系统进行管理和监控，从结构上又可以分为以下几种：应用接入控制模块，负责接收M2M应用系统的连接请求，并对应用系统进行身份验证和鉴权，以防止非法用户的接入；应用监控模块，对应用系统的运行行为进行监控和记录，包括系统的状态、连接时间、退出次数等进行记录，并对应用发送的信息量、信息条数、接收的信息量进行记录；应用通信模块，与M2M应用系统通过TCP/IP方式进行通信，实现上行到应用的业务消息的路由选择，通过M2M平台与M2M应用之间的接口协议进行数据传输。

4.业务处理模块

业务处理模块是M2M平台的核心业务处理引擎，对M2M平台系统的业务消息进行集中处理和控制。它负责对收到的业务消息进行解析、分配、路由、协议转换和转发，对M2M应用业务进行实时在线的连接和维护，同时维护相应的业务状态和上下文关系，还负责流量分配和控制、统计功能、接入模块的控制，并产生系统日志和网管信息。业务处理模块完成各种终端管理和控制的业务处理，它根据终端或者应用发出的请求消息的命令执行对应的逻辑处理，也可以根据用户通过管理门户发出的请求对终端或者应用发出控制消息进行操作。

5.数据库模块

数据库模块保存各类配置数据、终端信息、集团客户（EC）信息、签约信息和黑/白名单、业务数据、信息安全信息、业务故障信息等。

6.Web模块

Web模块提供Web方式操作维护与配置功能。

（三）M2M应用系统

M2M终端获得信息以后，本身并不处理这些信息，而是将这些信息集中到应用平台上来，由应用系统来实现业务逻辑。应用系统的主要功能是把感知和传输来的信息进行分析和处理，做出正确的控制和决策，实现智能化的管理、应用和服务，应用系统的业务逻辑集中化，可以降低终端处理能力的要求，从而减小

体积、降低功托、节约成本。通过建设标准化、可定制的M2M应用系统，可降低应用开发的门槛，促进整个M2M产业向更好的方向发展。

三、M2M支撑技术

（一）智能化机器

实现M2M的第一步就是从机器/设备中获得数据，然后把它们通过网络发送出去。使机器"开口说话"，让机器具备信息感知、信息加工（计算能力）、无线通信的能力。使机器具备"说话"能力的基本方法有两种：在生产设备的时候嵌入M2M硬件；对已有机器进行改装，使其具备通信/联网能力。

（二）M2M硬件

M2M硬件是使机器获得远程通信和联网能力的部件。主要进行信息的提取，从各种机器/设备那里获取数据，并传送到通信网络。目前的M2M硬件共分为5种类型。

1.嵌入式硬件

嵌入到机器里面，使其具备网络通信能力。常见的产品是支持GSM/GPRS或CDMA无线移动通信网络的无线嵌入数据模块。

2.可组装硬件

在M2M的工业应用中，厂商拥有大量不具备M2M通信和联网能力的设备仪器，可改装硬件就是为满足这些机器的网络通信能力而设计的。实现形式也各不相同，包括从传感器收集数据的I/O设备（I/O Devices），完成协议转换功能，将数据发送到通信网络的连接终端（Connectivity Terminals）。有些M2M硬件还具备回控功能。

3.调制解调器（Modem）

在嵌入式模块将数据传送到移动通信网络上时，起的就是调制解调器的作用。如果要将数据通过公用电话网络或者以太网送出，就分别需要相应的Modem。

4.传感器

传感器可分成普通传感器和智能传感器两种。智能传感器（Smart Sensor）是指具有感知能力、计算能力和通信能力的微型传感器。由智能传感器组成的传感器网络（Sensor Network）是M2M技术的重要组成部分。一组具备通信能力的智

能传感器以Ad Hoc（点对点模式）方式构成无线网络，协作感知、采集和处理网络覆盖的地理区域中感知对象的信息，并发布给观察者；也可以通过GSM网络或卫星通信网络将信息传给远方的IT系统。

5.识别标识（Location Tags）

识别标识如同每台机器、每个商品的"身份证"，使机器之间可以相互识别和区分。常用的技术如条形码技术、射频识别卡技术等。标识技术已经被广泛用于商业库存和供应链管理。

（三）通信网络

网络技术已经彻底改变了人们的生活方式和生存面貌，使人们生活在一个网络社会中。今天，M2M技术的出现，使得网络社会的内涵有了新的内容。网络社会的成员除了原有人、计算机、IT设备之外，还有数以亿计的非IT机器/设备加入进来。随着M2M技术的发展，这些新成员的数量和其数据交换的网络流量将会迅速地增加。通信网络在整个M2M技术框架中处于核心地位，包括广域网（无线移动通信网络、卫星通信网络、互联网、公众电话网）、局域网（以太网、无线局域网、蓝牙）、个域网（ZigBee、传感器网络）。在M2M技术框架的通信网络中，有两个主要参与者，他们是网络运营商和网络集成商。尤其是移动通信网络运营商，在推动M2M技术应用方面起着至关重要的作用，他们是M2M技术应用的主要推动者。第三代移动通信技术除了提供语音服务之外，数据服务业务的开拓也是其发展的重点。随着移动通信技术向3G的演进，必定将M2M应用带到一个新的境界。国外提供M2M服务的网络有AT&T公司无线（Wireless）的M2M数据网络计划，Aeris的MicroBurst无线数据网络等。

（四）中间件

中间件包括两部分，即M2M网关、数据收集/集成部件。网关是M2M系统中的"翻译员"，它获取来自通信网络的数据，并将数据传送给信息处理系统。主要的功能是完成不同通信协议之间的转换。典型产品如Nokia公司的M2M网关。

（五）应用

数据收集/集成部件是为了将数据变成有价值的信息，对原始数据进行不同加工和处理，并将结果呈现给需要这些信息的观察者和决策者。这些中间件包括数据分析和商业智能部件、异常情况报告和工作流程部件、数据仓库和存储部件等。

第五节 云计算

一、云计算概念

云计算概念是由谷歌提出来的，关于云计算的定义说法不一，美国国家标准与技术研究院（National Institute of Standards and Technology，NIST）定义：云计算是一种按使用量付费的模式，这种模式提供可用的、便捷的、按需的网络访问，进入可配置的计算资源共享池（资源包括网络、服务器、存储、应用软件、服务），这些资源能够被快速提供，只需投入很少的管理工作，或与服务供应商进行很少的交互。太阳公司的联合创始人Scott McNealy认为"云计算就是服务器"。而针对云计算，解放军理工大学刘鹏教授给出如下定义：云计算是一种新兴的商业计算模型，它将计算任务分布在大量计算机构成的资源池上，使各种应用系统能够根据需要获取计算力、存储空间和各种软件服务。大体来说，云计算的定义可以分为狭义和广义两种，狭义上，对云计算的理解是信息系统基础设施的支付和使用模式，指通过网络，以按需、易扩展的方式获取所需的资源（硬件、软件、平台）。提供资源的网络称为"云"，"云"中的资源对使用者而言是可以无限扩展的，并且可以随时获取。按需使用，随时扩展，按使用付费。这种特性经常被称为像使用水电一样使用IT基础设施。

广义上，云计算是服务的交付和使用模式，指通过网络以按需、易扩展的方式获得所需的服务。这种服务可以是IT和软件、互联网相关的，也可以是任意其他的服务，它具有超大规模、虚拟化、可靠安全等独特功效。

"云计算"概念被大量运用到生产环境中，国内的"阿里云"与云谷公司的XenSystem，以及在国外已经非常成熟的Intel和IBM，各种"云计算"的应用服务范围也正逐渐扩大，影响力无可估量。

二、云计算特点

通过使计算分布在大量的分布式计算机上，而非本地计算机或远程服务器中，数据中心的运行将与互联网更相似。这使得资源很容易切换到需要的应用上，用户可以根据需求访问计算机和存储系统。云计算具有以下几个主要特征。

（一）资源配置动态化

根据用户的需求动态划分或释放不同的物理和虚拟资源，当需求增加时，可通过增加可用的资源进行匹配，提供快速弹性的资源；如果这部分资源不再被使用，就被释放掉。云计算为用户提供的这种能力是无限的，实现了IT资源利用的可扩展性。

（二）需求服务自助化

云计算向用户提供自助的资源服务，用户不需要和提供商交互就能获得自助的计算资源。同时云系统为用户提供一定的应用服务目录，用户可以依照自身的需求采用自助方式选择服务项目及服务内容。

（三）网络访问便捷化

用户利用不同的终端设备，通过标准的应用来访问网络，使得应用无处不在。

（四）服务可计量化

在提供云服务过程中，根据用户的不同服务类型，通过计量的方法来自动控制并且优化资源配置。

（五）资源的虚拟化

借助虚拟化技术，将分布在不同地点的计算资源整合起来，达到共享基础设施资源的目的。

三、云计算的关键技术

（一）编程模型

云计算中的编程模型对编程人员来说非常重要，为了能让用户轻松的使用云计算带来的服务和利用编程模型可以轻松的编写可以并发执行的程序。云计算系统的编程模型应尽量简单，而且保证后台复杂的并发执行和任务调度对编程人

员透明。

目前云计算大都是采用Map-Reduce编程模型，大部分IT厂商云计划中采用的都是采用Map-Reduce思想开发的编程工具。它是针对云计算的大数据量并行计算所设计的编程模型。而且它比较简单，不需要多少并行计算开发经验的编程人员也可以开发应用。Map-Reduce模型包含两个阶段：Map阶段，该阶段指定对各个分块数据的处理过程；Reduce阶段，该阶段指定对各分块数据处理的中间结果进行归约。

（二）数据存储技术

云计算采用了分布式存储的方式来存储数据，同时也保证了数据的高可用性、高伸缩性。通过采用冗余存储的方式来保证数据的可靠性，即同一份数据会在多个节点保存副本。另外，为了保证大量用户并行的使用云计算服务，同时满足大量的用户需求，云计算中的存储技术必须具有高吞吐率和高传输率的特点。Hadoop开发的GFS的开源实现HDFS（Hadoop Distributed File System）是云计算的主要数据存储技术。包括IBM、雅虎的"云"计划都是采用的HDFS的数据存储技术。

（三）数据管理技术

云计算系统是针对超大数据量进行处理、分析，从而为用户提供高效的服务。因此，系统中的数据管理技术必须能够高效的管理这些大数据集，并且能够在这些超大规模数据中查询特定的数据，也是数据管理技术所必须解决的问题。

根据HDFS结构，我们知道云计算系统的读操作频率远远大于数据的更新频率，所以云系统中的数据管理技术也是一种主要针对读优化的数据管理技术。为提高读取速度，云计算系统的数据管理技术采用的是一种基于列存储的模型，将数据表按列划分后存储。

（四）虚拟化技术

云计算平台利用软件来实现硬件资源的虚拟化管理、调度以及应用。虚拟化是对计算资源进行抽象的一个广义概念。虚拟化对上层应用或用户隐藏了计算资源的底层属性。它既包括把单个的资源（比如一个服务器，一个操作系统，一个应用程序，一个存储设备）划分成多个虚拟资源，也包括将多个资源（比如存储设备或服务器）整合成一个虚拟资源。虚拟化技术是指实现虚拟化的具体的技

术性手段和方法的集合性概念。在云计算中利用虚拟化技术可以大大降低维护成本和提高资源的利用率。简单来说，云计算中的服务器虚拟化使得在单一物理服务器上可以运行多个虚拟服务器。

（五）云计算平台管理技术

云计算资源规模庞大，服务器数量众多，并分布在不同的地点，同时运行着数百种应用程序，如何有效地管理这些服务器以保证整个系统提供不间断的服务，是巨大的挑战。

云计算系统的平台管理技术能够使大量的服务器协同工作，方便地进行业务部署和开通，快速发现和修复系统故障，通过自动化、智能化的手段实现大规模系统的可靠运营。

第六节　中间件技术

一、中间件的概念

中间件是位于操作系统层和应用程序层之间的软件层，能够屏蔽底层不同的服务细节，使软件开发人员更专注于应用软件本身功能的实现。广义的中间件是一种独立的系统软件或服务程序，分布式应用软件借助这种软件在不同的技术之间进行资源共享。物联网中间件是位于数据采集节点之上、应用程序之下的一种软件层，为上层应用屏蔽底层设备因采用不同技术而带来的差异，使得上层应用可以集中于服务层面的开发，与底层硬件实现良好的松散耦合。

二、中间件的分类

（一）数据访问中间件

数据访问中间件在系统中建立数据应用资源互操作模式，能够实现异构环境下的数据联接或者文件系统连接，方便了网络中的虚拟缓存提取、解压、格式转换。它是中间件中技术最成熟、应用最广的一种，比较典型的就是开放数据库互联（ODBC）。然而，在数据访问中间件处理模型中，中间件仅实现通信功能，而数据库才是信息存储的核心单元。由于DM需要大量的数据进行通信，而且当网络故障发生时，系统不能正常工作，所以这种方式虽然灵活，但是不适合高性能处理要求的场合。

（二）远程调用中间件（RPC）

远程调用中间件是通过发送命令到远程的应用程序，待完成远程处理后，将信息返回的中间件。它在C/S（客户机/服务器）计算方面比数据访问中间件更进一步。由于RPC较好的灵活性，远程调用中间件相比数据访问中间件具有更广泛的应用，可被应用于更复杂的C/S计算环境中。但在一些大型的应用中，程序员需要考虑网络或者系统故障、处理缓冲、流量控制、并发操作以及同步等复杂问题，此时同步通信方式就不适合了。

（三）面向消息中间件（MoM）

面向消息中间件是指利用高效可靠的消息传递机制进行平台无关的数据交流，并给予数据通信进行分布式的集成。通过提供消息排队和消息传递模型，它可在分布式环境下扩展进程间的通信，并支持多通信协议、应用程序、语言、硬件和软件平台。目前比较流行的MoM产品有Oracle公司的BEA MessageQ和IBM公司的MQSeries等。

消息中间件常被用来屏蔽各种平台及协议之间的特性，实现应用程序之间的协同，能在不同平台之间进行通信，以实现分布式系统中可靠的、高效的、实时的跨平台数据传输。优点是，能在用户和服务器之间提供同步和异步的链接，并在任何时刻都可以将消息进行传送或者存储转发。它适用于需要在多个进程之间进行可靠数据传递的分布式环境，是中间件中唯一不可缺少的、销售量最大的中间件产品。

（四）面向对象中间件（OOM）

面向对象中间件提供一种通信机制，透明地在异构的分布式计算环境中传递对象请求，这些对象可以位于本地或者远程机器上，它是对象技术和分布式计算发展的产物。其中，CORBA是功能最强大的面向对象中间件，它可以跨任意平台，但是体积庞大；DCOM模型主要适合运行在Windows平台，已被人们广泛运用；JavaBean简单灵活，适合作为浏览器使用，但是运行效果差。

（五）事务处理中间件（TPM）

事务处理中间件是针对复杂环境下分布式应用的速度和可靠性要求而实现的，是在分布、异构环境下提供保证交易完整性和数据完整性的一种环境平台。程序员可以使用它提供的应用程序编程接口（API）来编写高速可靠的分布式应用程序和基于事务处理的应用程序。

（六）网络中间件

网络中间件是当前研究的热点，它包括网管、网络测试、虚拟缓冲及虚拟社区等。

（七）终端仿真—屏幕转换中间件

它实现了客户机图形用户接口与已有字符接口方式的服务器应用程序之间的互操作。

三、中间件的关键技术

（一）嵌入式中间件开发平台

嵌入式中间件是在嵌入式应用程序和操作系统、硬件平台之间嵌入的一个中间层，通常定义成一组较为完整的、标准的应用程序接口。嵌入式Web服务和Java虚拟机（Java VM）是两个重要的嵌入式中间件平台。

1.嵌入式Web服务

Web服务是一种可以通过Web描述、发布、定位和调用的模块化应用。Web服务可以执行多种功能，从简单的请求到复杂的业务过程。一旦Web服务被部署，其他的应用程序或者Web服务就能够发现并调用这个部署的服务。Web服务向外界提供一个能够通过Web进行调用的应用编程接口（API），能够用编程的方法通过Web来调用这个应用程序。把调用这个Web服务的应用程序叫作客户。Web服务平台是一套标准，它定义了应用程序如何在Web上实现互操作性，为实现物联网的应用与服务提供了一个基本的框架。Web服务通过简单对象访问协议（Simple Object Access Protocol，SOAP）来调用。SOAP是一种轻量级的消息协议，它允许用任何语言编写的任何类型的对象在任何平台之上相互通信。面向服务的体系结构（Service-Oriented Architecture. SOA）是一个组件模型，它将应用程序的不同功能单元通过这些服务之间定义的接口和协议联系起来。接口是采用中立的方式进行定义的，它应该独立于实现服务的硬件平台、操作系统和编程语言。这使得构建在各种这样的系统中的服务可以用一种统一和通用的方式进行交互。这种具有中立的接口定义的特征称为服务之间的松耦合。松耦合系统的优势主要有两点：一是它具有很高的灵活性；另一点是当组成整个应用程序的每个服务的内部结构和实现逐渐发生改变时，它能够继续存在。

嵌入式Web服务器技术对Web客户端而言，在物理设备上是指客户所使用的本地计算机或者嵌入式设备；在软件上是指能够接收Web服务器上的信息资源并展现给客户的应用程序。嵌入式Web服务器技术的核心是HTTP协议引擎。嵌入式Web服务器通过CGI接口和数据动态显示技术，可以在HTML文件或表格中插入运行代码，供RAM读取/写入数据。嵌入式Web服务主要具有以下优点：（1）统一的客户界面；（2）平台独立性；（3）高可扩展性；（4）并行性与分布性。

2.Java虚拟机

除了利用Web实现中间件外，Java虚拟机（Java VM）以其良好的跨平台特性成为物联网中间件的重要平台。每个Java VM都有两种机制：一个是装载具有合适名称的类（或者接口），叫作类装载子系统；另一个是负责执行包含在已装载的类或接口中的指令，叫作运行引擎。每个Java VM又包括方法区、Java堆、Java栈、程序计数器和本地方法栈，这几部分和类装载机制与运行引擎机制一起组成Java VM的体系结构。

（二）万维物联网

随着物联网的应用发展，开始将Web技术与物联网技术相结合，提出了万维物联网（Web of Things）的概念。

通过万维物联网，可以将物联网应用带来众多的便利，例如：减少智能设备的安装、整合、执行和维护开销；加快智能设备安装和移除速度；在任何时刻、地点都可以提供实时信息服务；强化可视化、可预见、可预报和维护日程的能力，确保各种应用有效而高效地执行。

基于RESTful的万维物联网架构是一种流行的互联网软件架构。它结构清晰，符合标准，易于理解，扩展方便。网络应用上的任何实体都可以看作一种资源，通过一个URI（统一资源定位符）指向它。万维物联网基本框架由三部分组成：（1）网络节点集成接口；（2）基于表述性状态传递软件架构风格的终端节点对智能设备进行移动和临时安装；（3）通过多种渠道将多个源的数据、应用

功能糅合起来，增强可视化、可预见、可预报和维护日程的能力。

（三）上下文感知技术

上下文感知技术是用来描述一种信息空间和物理空间相融合的重要支撑技术，它能够使用户可用的计算环境和软件资源动态地适应相关的历史状态信息，从而根据环境的变化自动地采取符合用户需要或者设定的行动。上下文感知系统首先必须知道整个物理环境、计算环境、用户状态等方面的静态和动态信息，即上下文。上下文能力的获取依赖于上下文感知技术，主要包括上下文的采集、建模、推理和融合等。上下文感知技术是实现服务自发性和无缝移动性的关键，包含如下四部分：

1.上下文采集

依据上下文的应用领域不同，上下文的采集方法通常有3种：传感类上下文、派生出的上下文（根据信息记录和用户设定）和明确提供的上下文。采集技术属于物联网感知层的技术。

2.上下文建模

要正确地利用上下文信息，必须对所获得的上下文信息进行建模。上下文信息模型反映了设计者对上下文的理解，决定了使用什么方法把物理世界里面的一些无意义和无规律的数据转化成计算世界里的逻辑结构语言，为实现上下文的正确运行打下基础。

3.上下文推理。

系统中的所有上下文信息构成上下文知识库，基于这些知识库，可以进行上下文的推理。实现推理一般有两种方式：一是将逻辑规则用程序编码实现；二是采用基于规则的推理系统。

4.上下文融合

在上下文感知计算中，要获得连续的上下文解决方法，必须联合相关的上下文服务，以聚集上下文信息，称为上下文融合。这种上下文的融合类似于目前已被广泛应用的传感器融合，其关键在于处理不同上下文服务边界之间的无缝融合。

第四章

通信技术概述

　　当今社会正在经受信息技术迅猛发展浪潮的冲击，通信技术、计算机技术、控制技术等现代信息技术的发展及相互融合，拓宽了信息的传递和应用范围，使得人们在广域范围内随时随地获取和交换信息成为可能。尤其是随着网络化时代的到来，人们对信息的需求与日俱增，全球范围内各种新业务突飞猛进地发展，为通信技术的发展提供了新的机遇。本章主要讲述通信网的体系结构、电话通信网技术、移动通信技术、传送网技术、支撑网技术和智能网技术。

第一节　　通信网的体系结构

一、通信网的定义

　　通信网是由一定数量的结点（包括终端结点、交换结点）和连接这些结点的传输系统有机地组织在一起的，按约定的信令或协议完成任意用户间信息交换的通信体系。用户使用它可以克服空间、时间等障碍来进行有效的信息交换。

　　在通信网上，信息的交换可以在两个用户间进行，在两个计算机进程间进行，还可以在一个用户和一个设备间进行。交换的信息包括用户信息（如话音、数据、图像等）、控制信息（如信令信息、路由信息等）和网络管理信息3类。由于信息在网上通常以电或光信号的形式进行传输，因而现代通信网又称电信网。

　　应该强调的一点是，网络不是目的，只是手段。网络只是实现大规模、远距离通信系统的一种手段。与简单的点到点的通信系统相比，它的基本任务并未改变，通信的有效性和可靠性仍然是网络设计时要解决的两个基本问题，只是由于用户规模、业务量、服务区域的扩大，解决这两个基本问题的手段变得复杂了。例如，网络的体系结构、管理、监控、信令、路由、计费、服务质量保证等都是由此派生出来的。

二、通信网的构成要素

实际的通信网是由软件和硬件按特定方式构成的一个通信系统，每一次通信都需要软、硬件设施的协调配合来完成。从硬件构成来看，通信网由终端结点、交换结点、业务结点和传输系统构成，它们完成通信网的基本功能：接入、交换和传输。软件设施则包括信令、协议、控制、管理、计费等，它们主要完成通信网的控制、管理、运营和维护，实现通信网的智能化。这里重点介绍通信网的硬件构成。

（一）终端结点

最常见的终端结点有电话机、传真机、计算机、视频终端和PBX等，它们是通信网上信息的产生者，同时也是通信网上信息的使用者。其主要功能有：

（1）用户信息的处理：主要包括用户信息的发送和接收，将用户信息转换成适合传输系统传输的信号以及相应的反变换。

（2）信令信息的处理：主要包括产生和识别连接建立、业务管理等所需的控制信息。

（二）交换结点

交换结点是通信网的核心设备，最常见的有电话交换机、分组交换机、路由器、转发器等。交换结点负责集中、转发终端结点产生的用户信息，但它自己并不产生和使用这些信息。其主要功能有：

（1）用户业务的集中和接入功能。通常由各类用户接口和中继接口组成。

（2）交换功能。通常由交换矩阵完成任意入线到出线的数据交换。

（3）信令功能。负责呼叫控制和连接的建立、监视、释放等。

（4）其他控制功能，如路由信息的更新和维护、计费、话务统计、维护管理等。

（三）业务结点

最常见的业务结点有智能网中的业务控制结点（SCP）、智能外设、语音信箱系统，以及互联网上的各种信息服务器等。它们通常由连接到通信网络边缘的计算机系统、数据库系统组成。其主要功能是：

（1）实现独立于交换结点的业务的执行和控制。

（2）实现对交换结点呼叫建立的控制。

（3）为用户提供智能化、个性化、有差异的服务。

目前，基本电信业务的呼叫建立、执行控制等由于历史的原因仍然在交换结点中实现，但很多新的电信业务则将其转移到业务结点中了。

（四）传输系统

传输系统为信息的传输提供传输信道，并将网络结点连接在一起。通常传输系统的硬件组成应包括线路接口设备、传输介质、交叉连接设备等。

传输系统一个主要的设计目标就是如何提高物理线路的使用效率，因此通常传输系统都采用了多路复用技术，如频分复用、时分复用、波分复用等。

另外，为保证交换结点能正确接收和识别传输系统的数据流，交换结点必须与传输系统协调一致，这包括保持帧同步和位同步、遵守相同的传输体制（如PDH、SDH等）等。

三、通信网的基本结构

（一）业务网

业务网负责向用户提供各种通信业务，如基本话音、数据、多媒体、租用线、VPN等，采用不同交换技术的交换结点设备通过传送网互联在一起就形成了不同类型的业务网。构成一个业务网的主要技术要素有以下几方面内容：网络拓扑结构、交换结点技术、编号计划、信令技术、路由选择、业务类型、计费方式、服务性能保证机制等，其中交换结点设备是构成业务网的核心要素。

按所提供的业务类型的不同来分，目前主要的业务网的类型如表4-1所示。

表4-1 主要业务网的类型

业务网	基本业务	交换结点设备	交换技术
公共电话网	普通电话业务	数字程控交换机	电路交换
移动通信网	移动话音、数据	移动交换机	电路/分组交换
智能网IN	以普通电话业务为基础的增值业务和智能业务	业务交换结点、业务控制结点	电路交换
分组交换网（X.25）	低速数据业务（≤64 kbit/s）	分组交换机	分组交换
帧中继网	局域网互联（≥2 Mbit/s）	帧中继交换	帧交换
数字数据（DDN）	数据专线业务	DXC和复用设备	电路交换

计算机局域网	本地高速数据（≥10 Mbit/s）	集线器（hub）、网桥、交换机	共享介质、随机竞争式
互联网	Web、数据业务	路由器、服务器	分组交换
ATM网络	综合业务	AFM交换机	信元交换

（二）传送网

传送网是随着光传输技术的发展，在传统传输系统的基础上引入管理和交换智能后形成的。传送网独立于具体业务网，负责按需为交换结点/业务结点之间的互联分配电路，在这些结点之间提供信息的透明传输通道。它还包含相应的管理功能，如电路调度、网络性能监视、故障切换等。构成传送网的主要技术要素有传输介质、复用体制、传送网结点技术等，其中传送网结点主要有分插复用设备（ADM）和交叉连接设备（DXC）两种类型，它们是构成传送网的核心要素。

传送网结点与业务网的交换结点相似之处在于：传送网结点也具有交换功能。不同之处在于：业务网交换结点的基本交换单位本质上是面向终端业务的，粒度很小，如一个时隙、一个虚连接；而传送网结点的基本交换单位本质上是面向一个中继方向的，因此粒度很大，例如SDH中基本的交换单位是一个虚容器（最小是2 Mbit/s），而在光传送网中基本的交换单位则是一个波长（目前骨干网上至少是2.5 Gbit/s）。另一个不同之处在于：业务网交换结点的连接是在信令系统的控制下建立和释放的，而光传送网结点之间的连接则主要是通过管理层面来指配建立或释放的，每一个连接需要长期化维持和相对固定。

目前主要的传送网有SDH/SONET和光传送网（OTN）两种类型。

（三）支撑网

支撑网负责提供业务网正常运行所必需的信令、同步、网络管理、业务管理、运营管理等功能，以提供用户满意的服务质量。支撑网包含3部分。

（1）同步网。它处于数字通信网的底层，负责实现网络结点设备之间和结点设备与传输设备之间信号的时钟同步、帧同步以及全网的网同步，保证地理位置分散的物理设备之间数字信号的正确接收和发送。

（2）信令网。对于采用公共信道信令体制的通信网，存在一个逻辑上独立于业务网的信令网，它负责在网络结点之间传送业务相关或无关的控制信息流。

3.管理网。管理网的主要目标是通过实时和近实时来监视业务网的运行情况，并相应地采取各种控制和管理手段，以实现在各种情况下都充分利用网络资源，保证通信的服务质量。

另外，从网络的物理位置分布来划分，通信网还可以分成用户驻地网、接入网和核心网3部分，其中用户驻地网是业务网在用户端的自然延伸，接入网也可以看成传送网在核心网之外的延伸，而核心网则包含业务、传送、支撑等网络功能要素。

第二节　电话通信网技术

一、电话网的构成要素

（一）用户终端设备

电话网中的用户终端设备即电话机，是用户直接使用的工具，主要将用户的声音信号转换成电信号或将电信号还原成声音信号。同时，电话机还具有发送和接收电话呼叫的能力，用户通过电话机拨号来发起呼叫，通过振铃知道有电话呼入。用户终端可以是送出模拟信号的脉冲式或双音频电话机，也可以是数字电话机，还可能是各种传真机。

（二）交换设备

电话网中的交换设备称为电话交换机，主要负责用户信息的交换。它可以按用户的呼叫要求在两个用户之间建立交换信息的通道，即具有连接功能。此外，交换机还具有控制和监视的功能。例如，它要及时发现用户摘机、挂机，还要完成接收用户号码、计费等功能。

（三）传输系统

传输系统负责在各交换点之间传递信息。在电话网中，传输系统包括用户线和中继线。用户线负责在电话机和交换机之间传递信息，而中继线则负责在交换机之间进行信息的传递。传输介质可以是有线的也可以是无线的，传送的信息可以是模拟的也可以是数字的，传送的形式可以是电信号也可以是光信号。

二、电话网的特点

（一）话音业务的特点

电话网的主要业务是话音业务。话音业务具有的特点如下：

（1）速率恒定且单一。用户的话音经过抽样、量化、编码后，都具有64 kbit/s的速率，网中只有单一的速率。

（2）话音对丢失不敏感。也就是说，话音通信中，可以允许一定的丢失存在，因为话音信息的相关性较强，可以通过通信的双方用户来恢复。

（3）话音对实时性要求较高。话音通信中，双方用户希望像面对面一样进行交流，而不能忍受较大的时延。

（4）话音具有连续性。通话双方一般是在较短时间内连续地表达自己的通信信息。

（二）电话网的特点

从设计思路上看，电话网一开始的设计目标很简单，就是要支持话音通信，因此话音业务的特点也就决定了电话网的技术特征。

归纳起来，电话网的特点有以下几点：

（1）同步时分复用。在电话网中，广泛采用同步时分复用方式。它是将多个用户信息在一条物理传输介质上以时分的方式进行复用，以提高线路利用率。在复用时，每个用户在一帧中只能占用一个时隙，且是固定的时隙，因此每个用户所占的带宽是固定的。这一点与话音通信的恒定速率是相适应的。

（2）同步时分交换。在交换时，直接将一个用户所在时隙的信息同步地交换到对方用户所在时隙中，以完成两个用户之间话音信息的交换。

（3）面向连接。在用户开始呼叫时，要为两用户之间建立起一条端到端的连接，并进行资源的预留（预留时隙）。这样，在进行用户信息传输时，不需要再进行路由选择和排队过程，因此时延非常小。电路交换的基本过程包括呼叫建立、信息传输（通话）和连接释放3个阶段。

（4）透明传输用户数据。透明是指对用户数据不做任何处理，因为话音数据对丢失不敏感，因此网络中不必对用户数据进行复杂的控制（如差错控制、流

量控制等），可以进行透明传输。

从以上几点可以看出，面向连接的电路交换方式是最适合于话音通信的。传统的电话网只提供话音业务，均采用电路交换技术。因此，电话网又称电路交换网，它是电路交换网的典型例子。

三、电话网的网络结构

（一）电话网的等级结构

网络的等级结构是指对网中各交换中心的一种安排。从等级上考虑，电话网的基本结构形式分为等级网和无级网两种。在等级网中，每个交换中心被赋予一定的等级，不同等级的交换中心采用不同的连接方式，低等级的交换中心一般要连接到高等级的交换中心。在无级网中，每个交换中心都处于相同的等级，完全平等，各交换中心采用网状网或不完全网状网相连。

1.等级制电话网

很多国家采用等级结构电话网。等级网为每个交换中心分配一个等级；除了最高等级的交换中心以外，每个交换中心必须接到等级比它高的交换中心。本地交换中心位于较低等级，而转接交换中心和长途交换中心位于较高等级。低等级的交换局与管辖它的高等级的交换局相连，形成多级汇接辐射网，即星型网；而最高等级的交换局间则直接相连，形成网状网。所以，等级结构的电话网一般是复合型网。

在等级结构中，级数的选择以及交换中心位置的设置与很多因素有关，主要有以下几个方面：

（1）各交换中心之间的话务流量、流向。

（2）全网的服务质量，如接通率、接续时延、传输质量、可靠性等。

（3）全网的经济性，即网的总费用问题、交换设备和传输设备的费用比等。

（4）运营管理因素。

（5）国家的幅员，各地区的地理状况，政治、经济条件以及地区之间的联系程度等因素。

2.中国电话网结构

中国电话网目前采用等级制，并将逐步向无级网发展。早在1973年电话网建设初期，鉴于当时长途话务流量的流向与行政管理的从属关系互相一致，大部分的话务流量是在同区的上下级之间，即话务流量呈现出纵向的特点，原邮电部规定中国电话网的网络等级分为5级，包括长途网和本地网两部分。长途网由大区中心C1、省中心C2、地区中心C3、县中心C4等4级长途交换中心组成，本地网由第五级交换中心即端局C5和汇接局Tm组成。

这种结构在电话网中由人工到自动、模拟到数字的过渡中起了很好的作用，但在通信事业快速发展的今天，其存在的问题也日趋明显。就全网的服务质量而言，其问题主要表现为如下几个方面：

（1）转接段数多。如两个跨地区的县级用户之间的呼叫，须经C2、C3、C4等多级长途交换中心转接，接续时延长，传输损耗大，接通率低。

（2）可靠性差。一旦某结点或某段电路出现故障，将会造成局部阻塞。

随着社会和经济的发展，电话普及率的提高，以及非纵向话务流量日趋增多，电话网的网络结构要不断改进才能满足要求；电信基础网络的迅速发展使得电话网的网络结构发生变化成为可能，并符合经济合理性；同时，电话网自身的建设也在不断改变着网络结构的形式和形态。目前，中国的电话网已由五级网向三级网过渡，其演变推动力有以下两个：

（1）随着C1、C2间话务量的增加，C1、C2间直达由路增多，从而使C1局的转接作用减弱，当所有省会城市之间均有直达电路相连时，C1的转接作用完全消失，因此，C1、C2局可以合并为一级。

（2）全国范围的地区扩大本地网已经形成，即以C3为中心形成扩大本地网，因此C4的长途作用也已消失。

（二）国内长途电话网

长途电话网由各城市的长途交换中心、长市中继线和局间长途电路组成，用来疏通各个不同本地网之间的长途话务。长途电话网中的结点是各长途交换局，各长途交换局之间的电路即为长途电路。

1.长途网等级结构

二级长途网由DC1、DC2两级长途交换中心组成，为复合型网络。

DC1为省级交换中心，设在各省会城市，由原C1、C2交换中心演变而来，主要职能是疏通所在省的省际长途来话、去话业务，以及所在本地网的长途终端业务。

DC2为地区中心，设在各地区城市，由原C3、C4交换中心演变而来，主要职能是汇接所在本地网的长途终端业务。

二级长途网中形成了两个平面。DC1之间以网状网相互连接，形成高平面，或叫作省际平面。DC1与本省内各地市的DC2局以星状相连，本省内各地市的DC2局之间以网状或不完全网状相连，形成低平面，又叫作省内平面。同时，根据话务流量流向，二级交换中心DC2也可与非从属的一级交换中心DC1之间建立直达电路群。

要说明的是，较高等级交换中心可具有较低等级交换中心的功能，即DC1可同时具有DC1、DC2的交换功能。

2.长途交换中心的设置原则

长途交换中心用来疏通长途话务，一般每个本地网都有一个长途交换中心。在设置长途交换中心时应遵循以下原则：

省会（自治区首府、直辖市）本地网至少应设置一个省级长途交换中心，且采用可扩容的大容量长途交换系统。地（市）本地网可单独设置一个长途交换中心，也可与省（自治区、直辖市）内地理位置相邻的本地网共同设置一个长途交换中心，该交换中心应使用大容量的长途交换系统。

随着长途业务量的增长，为保证网络安全可靠、经济有效地疏通话务，允许在同一本地网设置多个长途交换中心。当一个长途交换中心汇接的忙时话务量达到6000~8000 erl（或交换机满容量）时，且根据话务预测两年内该长途交换中心汇接的忙时话务量将达到12000 erl时，可以设第二个长途交换中心；当已设的两个长途交换中心所汇接的长途话务量已达到20000 erl时，可安排引入多个长途交换中心。

直辖市本地网内设一个或多个长途交换中心时，一般均设为DC1（含DC2功能）。省（自治区）本地网内设一个或两个长途交换中心时，均设为DC1（含DC2功能）；设3个及3个以上长途交换中心时，一般设两个DC1和若干个DC2。地（市）本地网内设长途交换中心时，所有长途交换中心均设为DC2。

（三）本地电话网

本地电话网简称本地网，是指在同一长途编号区范围内的所有终端、传输、交换设备的集合，用来疏通本长途编号区范围内任何两个用户间的电话呼叫。

1.本地网的交换等级划分

本地网可以仅设置端局DL，但一般是由汇接局Tm和端局DL构成的两级结构。汇接局为高一级，端局为低一级。

端局是本地网中的第二级，通过用户线与用户相连，它的职能是疏通本局用户的去话和来话业务。根据服务范围的不同，可以有市话端局、县城端局、卫星城镇端局和农话端局等，分别连接市话用户、县城用户、卫星城镇用户和农村用户。

汇接局是本地网的第一级，它与本汇接区内的端局相连，同时与其他汇接局相连，它的职能是疏通本汇接区内用户的去话和来话业务，还可疏通本汇接区内的长途话务。有的汇接局还兼有端局职能，称为混合汇接局（Tm/DL）。汇接局可以有市话汇接局、市郊汇接局、郊区汇接局和农话汇接局等几种类型。

2.本地网等级结构

依据本地网规模大小和端局的数量，本地网结构可分为两种：网状网结构和二级网结构。

（1）网状网结构

网状网结构中仅设置端局，各端局之间两两相连组成网状网。

网状网结构主要适用于交换局数量较少、各局交换机容量大的本地电话网。现在的本地网中已很少用这种组网方式。

（2）二级网结构

本地电话网中设置端局DL和汇接局Tm两个等级的交换中心，组成二级网结构。

二级网结构中，各汇接局之间两两相连组成网状网，汇接局与其所汇接的端局之间以星型网相连。在业务量较大且经济合理的情况下，任意汇接局与非本汇接区的端局之间或者端局与端局之间也可设置直达电路群。

在经济合理的前提下，根据业务需要在端局以下还可设置远端模块、用户集线器或用户交换机，它们只和所从属的端局之间建立直达中继电路群。

二级网中各端局与位于本地网内的长途局之间可设置直达中继电路群，但为了经济合理和安全、灵活地组网，一般在汇接局与长途局之间设置低呼损直达中继电路群，作为疏通各端局长途话务之用。

二级网组网时，可以采取分区汇接或集中汇接。当网上各端局间话务量较

小时，可按二级网基本结构组成来、去话分区汇接方式的本地网。当各端局容量增加、局间话务流量增大时，在技术经济合理的条件下，为简化网络组织，可组成去话汇接方式、来话汇接方式或集中汇接方式的二级网。限于篇幅，这里不再详述，有兴趣的读者可查阅相关资料。

（四）国际电话网

1.国际电话网概念

国际电话网由国际交换中心和局间长途电路组成，用来疏通各个不同国家之间的国际长途话务。国际电话网中的结点称为国际电话局，简称国际局。用户间的国际长途电话通过国际局来完成，每一个国家都设有国际局。各国际局之间的电路即为国际电路。

2.国际电话网络结构

国际交换中心分为CT1、CT2和CT3三级。各CT1局之间均有直达电路，形成网状结构，CT1至CT2、CT2至CT3为辐射式的星型结构，由此构成了国际电话网的复合型基干网络结构。除此之外，在经济合理的条件下，在各CT局之间还可根据业务量的需要设置直达电路群。

CT1和CT2只连接国际电路，CT1局是在很大的地理区域汇集话务的，其数量很少。在每个CT1区域内的一些较大的国家可设置CT2局。CT3局连接国际和国内电路，它将国内和国际长途局连接起来，各国的国内长途网通过CT3进入国际电话网，因此CT3局通常称为国际接口局，每个国家均可有一个或多个CT3局。中国在北京和上海设置了两个国际局，并且根据业务需要还可设立多个边境局，以疏通与各地区间的话务量。

国际局所在城市的本地网端局与国际局间可设置直达电路群，该城市的用户打国际长途电话时可直接接至国际局，而与国际局不在同一城市的用户打国际电话则需要经过国内长途局汇接至国际局。

第三节 移动通信技术

一、移动通信的概念

移动通信是指通信的一方或双方可以在移动中进行的通信过程，也就是说，至少有一方具有可移动性。可以是移动台与移动台之间的通信，也可以是移动台与固定用户之间的通信。

相比固定通信而言，移动通信不仅要给用户提供与固定通信一样的通信业务，而且由于用户的移动性，其管理技术要比固定通信复杂得多。同时，由于移动通信网中依靠的是无线电波的传播，其传播环境要比固定网中有线介质的传播特性复杂，因此，移动通信有着与固定通信不同的特点。

二、移动通信的特点

（一）用户的移动性

要保持用户在移动状态中的通信，必须是无线通信，或无线通信与有线通信的结合。因此，系统中要有完善的管理技术来对用户的位置进行登记、跟踪，使用户在移动时也能进行通信，不因为位置的改变而中断。

（二）电波传播条件复杂

移动台可能在各种环境中运动，如建筑群或障碍物等，因此电磁波在传播时不仅有直射信号，还会产生反射、折射、绕射、多普勒效应等现象，从而产生多径干扰、信号传播延迟和展宽等问题。因此，必须充分研究电波的传播特性，使系统具有足够的抗衰落能力，才能保证通信系统正常运行。

（三）噪声和干扰严重

移动台在移动时不仅受到城市环境中的各种工业噪声和天然电噪声的干扰，同时，由于系统内有多个用户，因此，移动用户之间还会有互调干扰、邻道

干扰、同频干扰等。这就要求在移动通信系统中对信道进行合理的划分和频率的再用。

（四）系统和网络结构复杂

移动通信系统是一个多用户通信系统和网络，必须使用户之间互不干扰，能协调一致地工作。此外，移动通信系统还应与固定网、数据网等互连，整个网络结构很复杂。

（五）有限的频率资源

在有线网中，可以依靠多铺设电缆或光缆来提高系统的带宽资源。而在无线网中，频率资源是有限的，ITU对无线频率的划分有严格的规定。如何提高系统的频率利用率是移动通信系统的一个重要课题。

三、移动通信的分类

移动通信的种类繁多，其中陆地移动通信系统有蜂窝移动通信、无线寻呼系统、无绳电话、集群系统等。同时，移动通信和卫星通信相结合产生了卫星移动通信，它可以实现国内、国际大范围的移动通信。

（一）集群移动通信

集群移动通信是一种高级移动调度系统。所谓集群通信系统，是指系统所具有的可用信道为系统的全体用户共用，具有自动选择信道的功能，是共享资源、分担费用、共用信道设备及服务的多用途和高效能的无线调度通信系统。

（二）公用移动通信系统

公用移动通信系统是指给公众提供移动通信业务的网络。这是移动通信最常见的方式。这种系统又可以分为大区制移动通信和小区制移动通信，小区制移动通信又称蜂窝移动通信。

（三）卫星移动通信

利用卫星转发信号也可实现移动通信。对于车载移动通信，可采用同步卫星；而对手持终端，采用中低轨道的卫星通信系统较为有利。

（四）无绳电话

对于室内外慢速移动的手持终端的通信，一般采用小功率、通信距离近、轻便的无绳电话机。它们可以经过通信点与其他用户进行通信。

（五）寻呼系统

无线电寻呼系统是一种单向传递信息的移动通信系统。它是由寻呼台发信息，寻呼机收信息来完成的。

四、移动通信网的系统构成

一个典型移动通信网由移动业务交换中心（MSC）、基站（BS）、中继传输系统、移动台（MS）、操作维护中心（OMC）和一些数据库组成。

移动业务交换中心之间、移动业务交换中心和基站之间通过中继线相连，基站和移动台之间为无线接入方式，移动交换中心又与存储用户信息的数据库相连，同时移动交换中心又通过关口局与其他网络（如电话通信网）相连，实现移动网与其他网络用户之间的互通。

（一）移动业务交换中心

移动业务交换中心（Mobile-services Switching Center，MSC）是蜂窝通信网络的核心。MSC负责本服务区内所有用户的移动业务的实现。具体来讲，MSC具有如下作用：

（1）信息交换功能：为用户提供终端业务、承载业务、补充业务的接续。

（2）集中控制管理功能：无线资源的管理，移动用户的位置登记、越区切换等。

（3）通过关口MSC与公用电话网相连。

（二）基站

基站（Base Station，BC）负责和本小区内移动台之间通过无线电波进行通信，并与MSC相连，以保证移动台在不同小区之间移动时也可以进行通信。采用一定的多址方式可以区分一个小区内的不同用户。

（三）移动台

移动台（Mobile Station，MS）即手机或车载台。它是移动网中的终端设备，要将用户的话音信息进行变换，并以无线电波的方式进行传输。

（四）中继传输系统

MSC之间、MSC和BS之间的传输线均采用有线方式。

（五）数据库

移动网中的用户是可以自由移动的，即用户的位置是不确定的。因此，要对用户进行接续，就必须要掌握用户的位置及其他信息，数据库即用来存储用户的有关信息。数字蜂窝移动网中的数据库有归属位置寄存器（Home Location Register，HLR）、访问位置寄存器（Visitor Location Register，VLR）、鉴权认证中心（Authentic Center，AUC）、设备识别寄存器（Equipment Identity Register，EIR）等。

第四节　传送网技术

一、传输介质分类

（一）双绞线

双绞线是指由一对绝缘的铜导线扭绞在一起组成的一条物理通信链路。通常人们将双线扭绞的形式主要是为了减少线间的低频干扰，扭绞得越紧密抗干扰能力越好。

与其他有线介质相比，双绞线是最便宜和易多条双绞线放在一个护套中组成一条电缆。采用于安装使用的，其主要的缺点是串音会随频率的升高而增加，抗干扰能力差，因此复用度不高，其带宽一般在1 MHz范围之内，传输距离为2~4 km，通常用做电话用户线和局域网传输介质，在局域网范围内传输速率可达100 Mbit/s，但其很难用于宽带通信和长途传输线路。

双绞线主要分成两类：非屏蔽双绞线和屏蔽双绞线。屏蔽双绞线虽然传输特性优于非屏蔽双绞线，但价格昂贵，操作复杂，除了应用在IBM的令牌环网中以外，其他领域并无太多应用。目前电话用户线和局域网中都使用非屏蔽双绞线，例如普通电话线多采用24号UTP。

（二）同轴电缆

同轴电缆是贝尔实验室于1934年发明的，最初用于电视信号的传输。它由内、外导体和中间的绝缘层组成。内导体是比双绞线更粗的铜导线，外导体外部还有一层护套，它们组成一种同轴结构，因而称为同轴电缆。

由于具有特殊的同轴结构和外屏蔽层，同轴电缆抗干扰能力强于双绞线，适合于高频宽带传输，其主要缺点是成本高，不易安装埋设。同轴电缆通常能提供500~750 MHz的带宽，目前主要应用于CATV和光纤同轴混合接入网，在局域网和局间中继线路中的应用并不多见。

（三）光纤

近年来，通信领域最重要的技术突破之一就是光纤通信系统的发展，光纤是一种很细的可传送光信号的有线介质，它可以用玻璃、塑料或高纯度的合成硅制成。目前使用的光纤多为石英光纤，它以纯净的二氧化硅材料为主，为改变折射率，中间掺有锗、磷、硼、氟等。

光纤也是一种同轴性结构，由纤芯、包层和外套3个同轴部分组成，其中纤芯、包层由两种折射率不同的玻璃材料制成，利用光的全反射可以使光信号在纤芯中传输，包层的折射率略小于纤芯，以形成光波导效应，防止光信号外溢。外套一般由塑料制成，用于防止湿气、磨损和其他环境破坏。

光纤分为多模光纤（MMF）和单模光纤（SMF）两种基本类型。多模光纤先于单模光纤商用化，它的纤芯直径较大，通常为50μm或610.5μm，它允许多个光传导模式同时通过光纤，因而光信号进入光纤时会沿多个角度反射，产生模式色散，影响传输速率和距离。多模光纤主要用于短距离低速传输，如接入网和局域网，一般传输距离应小于2 km。

单模光纤的纤芯直径非常小，通常为4~10μm。在任何时候，单模光纤只允许光信号以一种模式通过纤芯。与多模光纤相比，它可以提供非常出色的传输特性，为信号的传输提供更大的带宽、更远的距离。目前长途传输主要采用单模光纤。ITU－T的最新建议G652、G.653、G.654、G.655对单模光纤进行了详细的定义和规范。

（四）无线介质

通过无线介质（或称自由空间）传输光、电信号的通信形式习惯上叫作无

线通信。常用的电磁波频段有无线电频段、微波频段和红外线频段等。

1.无线电

无线电又称广播频率（Radio Frequency，RF），其工作频率范围在几十兆赫兹到200 MHz。无线电波的优点是易于产生，能够长距离传输，能轻易地穿越建筑物，并且其传播是全向的，非常适合于广播通信。无线电波的缺点是传输特性与频率相关：低频信号穿越障碍能力强，但传输衰耗大；高频信号趋向于沿直线传输，但容易在障碍物处形成反射，并且天气对高频信号的影响大于低频信号。所有的无线电波易受外界电磁场的干扰。由于其传播距离远，不同用户之间的干扰也是一个问题，因此，各国政府对无线频段的使用都由相关的管理机构进行频段使用的分配管理。

目前该频段主要用于公众无线广播、电视发射、无线专用网等领域。

2.微波

微波指频段范围在300 MHz ~ 30 GHz的电磁波，因为其波长在毫米范围内，所以产生了"微波"这一术语。

微波信号的主要特征是在空间沿直线传播，因而它只能在视距范围内实现点对点通信，通常微波中继距离应在80 km范围内，具体由地理条件、气候等外部环境决定。微波的主要缺点是信号易受环境的影响（如降雨、薄雾、烟雾、灰尘等），频率越高影响越大，高频信号很容易衰减。

微波通信适合于地形复杂和特殊应用需求的环境，目前主要的应用有专用网络、应急通信系统、无线接入网、陆地蜂窝移动通信系统，卫星通信也可归入为微波通信的一种特殊形式。

3.红外线

红外线指1012~1014 Hz范围的电磁波信号。与微波相比，红外线最大的缺点是不能穿越固体物质，因而它主要用于短距离、小范围内的设备之间的通信。由于红外线无法穿越障碍物，也不会产生微波通信中的干扰和安全性等问题，因此使用红外传输，无须向专门机构进行频率分配申请。

红外线通信目前主要用于家电产品的远程遥控、便携式计算机通信接口等。

二、传输系统

（一）基带传输系统

基带传输系统是指在短距离内直接在传输介质上传输模拟基带信号的系统。前面介绍的各种介质中，只有双绞线可以直接传输基带信号。电信网中，只在传统电话用户线上采用该方式。这里的基带特指话音信号占用的频带（300~3400 Hz）。另外，由于设备简单，基带方式在局域网中被广泛使用。

基带传输的优点是线路设备简单；缺点是传输介质的带宽利用率不高，不适于在长途线路上使用。

（二）频分复用传输系统

频分复用传输系统是指在传输介质上采用FDM技术的系统，FDM是利用传输介质的带宽高于单路信号的带宽这一特点，将多路信号经过高频载波信号调制后在同一介质上传输的复用技术。为防止各路信号之间相互干扰，要求每路信号要调制到不同的载波频段上，而且各频段之间要保持一定的间隔，这样各路信号通过占用同一介质不同的频带实现了复用。

FDM传输系统的主要缺点是：传输的是模拟信号，需要模拟调制解调设备，成本高且体积大，难以集成，因此工作的稳定度不高。另外，由于计算机难以直接处理模拟信号，导致传输链路和结点之间过多的模数转换，从而影响传输质量。目前，FDM技术主要用于微波链路和铜线介质，在光纤介质上该方式更习惯被称为波分复用。

（三）时分复用传输系统

时分复用传输系统是指在传输介质上采用TDM技术的系统，TDM将模拟信号经过PCM（Pulse Code Modulation）调制后变为数字信号，然后进行时分多路复用。它是一种数字复用技术，TDM中多路信号以时分的方式共享一条传输介质，每路信号在属于自己的时间片中占用传输介质的全部带宽。

相对于频分复用传输系统，时分复用传输系统可以利用数字技术的全部优点：差错率低，安全性好，数字电路集成度高，带宽利用率更高。它已成为传输系统的主流技术。目前主要有两种时分数字传输体制：准同步数字体系（PDH）和同步数字体系（SDH）。

（四）波分复用传输系统

波分复用传输系统是指在光纤上采用WDM技术的系统。WDM本质上是光域上的FDM技术，为了充分利用单模光纤低损耗区带来的巨大带宽资源，WDM将光纤的低损耗窗口划分成若干个信道，每一信道占用不同的光波频率（或波长），在发送端采用波分复用器（合波器）将不同波长的光载波信号合并起来送入一根光纤进行传输。在接收端，再由一个波分复用器（分波器）将这些由不同波长光载波信号组成的光信号分离开来。由于不同波长的光载波信号可以看作是互相独立的（不考虑光纤非线性时），在一根光纤中可实现多路光信号的复用传输。

WDM系统按照工作波长的波段不同可以分为两类：粗波分复用和密集波分复用。最初的WDM系统由于技术的限制，通常一路光载波信号就占用一个波长窗口，最常见的是两波分复用系统（分别占用1310 nm和1550 nm波长），每路信号容量为2.5 Gbit/s，总共5 Gbit/s容量。由于波长之间间隔很大（通常在几十纳米以上），故称粗波分复用。

WDM技术主要具有以下优点：

（1）可以充分利用光纤的巨大带宽资源，使一根光纤的传输容量比单波长传输增加了几倍至几十倍，降低了长途传输的成本。

（2）WDM对数据格式是透明的，即与信号速率及电调制方式无关。一个WDM系统可以承载多种格式的"业务"信号，如ATM、IP或者将来有可能出现的信号。WDM系统完成的是透明传输，对于业务层信号来说，WDM的每个波长与一条物理光纤没有分别。

（3）在网络扩充和发展中，WDM是理想的扩容手段，也是引入宽带新业务的方便手段，增加一个附加波长即可引入任意想要的新业务或新容量。

三、传送网的分类

（一）SDH传送网

SDH（Synchronous Digital Hierarchy）传送网是一种以同步时分复用和光纤技术为核心的传送网结构，它由分插复用、交叉连接、信号再生放大等网元设备组成，具有容量大、对承载信号语义透明以及在通道层上实现保护和路由的功能。它有全球统一的网络结点接口，使得不同厂商设备间信号的互通、信号的复用、交叉连接和交换过程得到简化，是一个独立于各类业务网的业务公共传送平台。

SDH是ITU－T制定的，独立于设备制造商的NNI间的数字传输体制接口标准（光、电接口）。它主要用于光纤传输系统，其设计目标是定义一种技术，通过同步的、灵活的光传送体系来运载各种不同速率的数字信号。这一目标是通过字节间插（Byte Interleaving）的复用方式来实现的，字节间插使复用和段到段的管理得以简化。

SDH的内容包括传输速率、接口参数、复用方式和高速SDH传送网的OAM。其主要内容借鉴了1985年Bellcore（现在的Telcordia Technologies）向ANSI提交的SONet（Synchronous Optical Network）建议，但ITU－T对其做了一些修改，大部分修改是在较低的复用层，以适应各个国家和地区网络互连的复杂性要求。相关的建议包含在G.707、G.708和G.709中。SDH设备只能部分兼容SONet，两种体系之间可以相互承载对方的业务流，但两种体系之间的告警和性能管理信息等则无法互通。

（二）光传送网

光传送网（Optical Transport Network，OTN）是一种以DWDM与光通道技术为核心的新型传送网结构，它由光分插复用、光交叉连接、光放大等网元设备组成，具有超大容量、对承载信号语义透明及在光层面上实现保护和路由的功能。它是面向NGN的下一代新型传送网结构。

OTN与SDH/SONet传送网主要的差异在于复用技术不同，但在很多方面又很相似，例如，都是面向连接的物理网络，网络上层的管理和生存性策略也大同小异。相比而言，OTN主要有以下优点：

（1）DWDM技术使得运营商随着技术的进步，可以不断提高现有光纤的复用度，在大限度利用现有设施的基础上，满足用户对带宽持续增长的需求。

（2）由于DWDM技术独立于具体的业务，同一根光纤的不同波长上接口速率和数格式相互独立，使得运营商可以在一个OTN上支持多种业务。OTN可以保持与现有SDH/SONet网络的兼容性。

（3）SDH/SONet系统只能管理一根光纤中的单波长传输，而OTN系统既能管理单波长，也能管理每根光纤中的所有波长。

（4）随着光纤的容量越来越大，采用基于光层的故障恢复比电层更快、更经济。

与OTN相关的主要标准有：ITU－T G.872，定义了OTN主要功能需求和网络体系结构；ITU－T G709，主要定义了用于OTN的结点设备接口、帧结构、开销字节、复用方式以及各类净负荷的映射方式，它是ITU－T OTN最重要的一个建议；OTN网络管理相关功能则在G874和G.875建议中定义。

第五节　支撑网技术

一．No.7信令网

（一）No.7信令网的组成

No.7信令方式是在电话网中程控交换局的处理机之间用一条专门的数据通路来传送通话所需的信令信息的一种方式。因此，在现有的电话网之外还存在一个独立的No.7信令网。该信令网除了传送电话的呼叫控制等电话信令之外，还可以传送其他如网络管理和维护等方面的信息，所以No.7信令网实际上是一个载送各种信息的数据传送系统。

信令网由信令点（SP）、信令转接点（STP）以及连接它们的信令链路所组成。

1.信令点

SP是信令消息的源点和目的地点，它可以是各种交换局，也可以是各种特服中心，如运行、管理、维护中心等。

2.信令转接点

STP是将一条信令链路上的信令消息转发至另一条信令链路上去的信令转接中心，可分为独立信令转接点和综合信令转接点，前者只具有信令消息转递功能的信令转接点，后者具有用户部分功能的信令转接点，即具有信令点功能的信令转接点。

3.信令链路

信令链路是专门用来在信令点之间转移信令信息的数据通信通路。一条信令链路可传送几百条甚至几千条话音电路信令信息。

（二）信令网中的连接方式

信令网中的连接方式是指信令转接点之间的连接方式及信令点与信令转接点之间的连接方式。

1.STP间的连接方式

对分级信令网都需设置STP。二级信令网只设一级STP，而三级信令网则需设置两级STP，即LSTP和HSTP。对STP间的连接方式的基本要求是在保证信令转接点信令路由尽可能多的同时，信令连接过程中经过的信令转接点转接的次数尽可能的少。符合这一要求且得到实际应用的连接方式有两种：网状连接方式；A、B平面连接方式。

（1）网状连接方式。

网状连接方式主要特点是各STP间都设置直达信令链路，在正常情况下STP间的信令连接可不经过STP的转接。但为了信令网的可靠，还需设置迂回路由。这种网状连接方式的安全可靠性较好，且信令连接的转接次数也少，但这种网状连接的经济性较差。

（2）A、B平面连接方式。

A、B平面连接方式是网状连接的简化形式。A、B平面连接的主要特点是A平面或B平面内部的各个STP间采用网状相连，A平面和B平面之间则由成对的STP相连。在正常情况下，同一平面内的STP间信令连接不经过STP转接。在故障情况下需经由不同平面的STP连接时，要经过STP转接。这种方式除正常路由外，也需设置迂回路由，但转接次数要比网状连接时多。

2.SP与STP间的连接方式。

（1）分区固定连接方式（或称配对连接）

其主要特点是：每一信令区内的SP间的准直联连接必须经过本信令区的STP的转接。这种连接方式是每个SP需成对地连接到本信令区的两个STP，这是保证信令可靠转接的双倍冗余。

两个信令区之间的SP间的准直联连接至少需经过两个STP的两次转接。

某一个信令区的一个STP发生故障时，该信令区的全部信令业务负荷都转到另一个STP。如果某一信令区两个STP同时发生故障，则该信令区的全部信令业务中断。采用分区固定连接时，信令网的路由设计及管理方便。

（2）随机自由连接方式（或称按业务量大小连接）。

其主要特点是：随机自由连接是按信令业务负荷的大小采用自由连接的方式，即本信令区的SP根据信令业务负荷的大小可以连接其他信令区的STP。

每个SP需接至两个STP（可以是相同信令区，也可以是不同信令区），以保证信令可靠转接的双倍冗余。

当某个SP连接至两个信令区的STP时，该SP在两个信令区的准直联连接可以只经过一次STP的转接。

随机自由连接的信令网中SP间的连接比固定连接时灵活，但信令路由比固定连接复杂，所以信令网的路由设计及管理较复杂。

二、数字同步网

（一）数字同步网的概念

数字同步网是现代通信网一个必不可少的重要组成部分，能准确地将同步信息从基准时钟源向同步网各同步节点传递，从而调节网中的时钟以建立并保持同步，满足电信网传递业务信息所需的传输和交换性能要求，它是保证网络定时性能的关键。数字同步网由各节点时钟和传递同步定时信号的同步链路构成。数字同步网的基本功能是准确地将同步信息从基准时钟向同步网的各下级或同级节点传递，从而建立并保持同步。

（二）实现网同步的方式

1.准同步方式

准同步方式工作时，各局都具有独立的时钟，且互不控制，为了使两个节点之间的滑动率低到可以接受的程度，应要求各节点都采用高精度与高稳定度的原子钟。

优点：组网简单，容易实现，对网络的增设与改动都较灵活，发生故障也不会影响全网。缺点：对时钟源性能要求高、价格昂贵；另外，准同步方式工作时由于没有时钟的相互控制，节点间的时钟总会有差异，故准同步方式工作时总会发生滑动。为此，应根据网中所传输业务的要求规定一定的滑动率。

2.主从同步方式

主从同步方式是在网内某一主交换局设置高精度和高稳定度的时钟源，并以其作为主基准时钟的频率控制其他各局从时钟的频率，也就是数字网中的同步节点和数字传输设备的时钟都受控于主基准同步信息。

主从同步方式中同步信息可以包含在传送信息业务的数字比特流中，采用时钟提取的办法提取，也可以用指定的链路专门传送主基准时钟源的时钟信号。在从时钟节点及数字传输设备内，通过锁相环电路使其时钟频率锁定在主时钟基准源的时钟频率上，从而使网内各节点时钟都与丰节点时钟同步。

优点：各同步节点和设备的时钟都直接或间接地受控于主时钟源的基准时钟，在正常情况下能保持全网的时钟统一，因而在正常情况下可以不产生滑动。除作为基准时钟的主时钟源的性能要求较高之外，其余的从时钟源与准同步方式的独立时钟相比，对性能要求都较低，故而可以降低网络的建设费用。缺点：在传送基准时钟信号的链路和设备中，如有任何故障或干扰，都将影响同步信号的传送，而且产生的扰动会沿传输途径逐段累积，产生时钟偏差。

3.互同步方式

采用互同步方式实现网同步时，网内各局都设置自己的时钟，但这些时钟源都是受控的。在网内各局相互连接时，它们的时钟是相互影响、相互控制的，各局设置多输入端加权控制的锁相环电路，在各局时钟的相互控制下，如果网络参数选择适当，则全网的时钟频率可以达到一个统一的稳定频率，实现网内时钟的同步。

三、网络管理信息网

（一）网络管理信息网的功能

与网络管理信息网相关的功能一般可分为一般功能和应用功能两部分。

1.一般功能

一般功能是对网络管理信息网应用功能的支持，网络管理信息网的一般功能是传送、存储、安全、恢复、处理及用户终端支持等。

2.应用功能

应用功能是指网络管理信息网为通信网及通信业务提供的一系列管理功能。主要划分为以下五种管理功能：

（1）性能管理。

性能管理是提供对通信设备的性能和网络或网络单元的有效性进行评价，并提出评价报告的一组功能，网络单元是由通信设备和支持网络单元功能的支持

设备组成，并有标准接口。典型的网络单元是交换设备、传输设备、复用器、信令终端等。

性能管理的功能包括三方面：①性能监测功能：是指连续收集有关网络单元性能的数据。②负荷管理和网络管理功能：网络管理信息网从各网络单元收集负荷数据，并在需要时发送命令到各网络单元重新组合通信网或修改操作，以调节异常的负荷。③服务质量观察功能：网络管理信息网从各网络单元收集服务质量数据并支持服务质量的改进。

（2）故障（或维护）管理。

故障管理（或维护）是对通信网的运行情况异常和设备安装环境异常进行监测、隔离和校正的一组功能。

故障（或维护）管理的功能包括三方面：①告警监视功能：网络管理信息网以近实时的方式监测网络单元的失效情况。当这种失效发生时，网络单元给出指示，网络管理信息网确定故障性质和严重程度。②故障定位功能：当初始失效信息对故障定位不够用时，就必须扩大信息内容，由失效定位例行程序利用测试系统获得需要的信息。③测试功能：这项功能是在需要时或提出要求时或作为例行测试时进行。

（3）配置管理功能。

配置管理功能对网络单元的配置、业务的投入、开/停业务等进行管理，对网络的状态进行管理。

配置管理功能包括三方面：①保障功能：包括设备投入业务所必需的程序，但是它不包括设备安装。一旦设备准备好，投入业务，网络管理信息网中就应该有它的信息。保障功能可以控制设备的状态，例如开放业务、停/开业务、处于备用状态或者恢复等。②状况和控制功能：网络管理信息网能够在需要时立即监测网络单元的状况并实行控制，例如，校核网络单元的服务状态，改变网络单元的服务状况，启动网络单元内的诊断测试等。③安装功能：这项功能对通信网中设备的安装起支持作用，如在增加或减少各种通信设备时，网络管理信息网内的数据库要及时把设备信息装入或更新。

（4）安全管理功能。

安全管理的目的是确保网络资源不被非法使用，防止网络资源由于入侵者攻击而遭受破坏。其主要内容包括：接入及用户权限的管理；安全审查及安全告警处理；与安全措施有关的信息分发；与安全有关的通知；安全服务措施的创建、控制和删除；与安全有关的网络操作事件的记录、维护和查询日志管理工作等。一个完善的网络管理系统必须制定网络管理的安全策略，并根据这一策略设计并实现网络安全管理系统。

（二）网络管理信息网的体系结构

1.网络管理信息网的应用功能与逻辑分层

网络管理信息网主要从管理层次、管理功能和管理业务三个方面界定通信网络的管理。这一界定方式也称为网络管理信息网的逻辑分层体系结构。

网络管理信息网采用分层管理的概念，将通信网络的管理应用功能划分为四个管理层次：事务管理层、业务管理层、网络管理层和网元管理层。

网络管理信息网同时采用OSI系统管理功能定义，提出在前一节中所讨论的通信网络管理的基本功能：性能管理、配置管理、故障管理和安全管理。

从网络经营和管理角度出发，为支持通信网络的操作维护和业务管理，网络管理信息网定义了多种管理业务，包括用户管理、用户接入网管理、交换网管理、传输网管理和信令网管理等。

网络管理信息网的四个管理层次的主要功能如下：

（1）事务管理：由支持整个企业决策的管理功能组成，如产生经济分析报告、质量分析报告、任务和目标的决定等。

（2）业务管理：包括业务提供、业务控制与监测，如电话交换业务、数据通信业务、移动通信业务等。

（3）网络管理：提供网上的管理功能，如网络话务监视与控制，网络保护路由的调度，中继路由质量的监测，对多个网元故障的综合分析、协调等。

（4）网元管理：包括操作一个或多个网元的功能，如交换机、路由器等的远端操作维护、设备软件、硬件的管理等。

2.网络管理信息网的主要特点及使用效益

网络管理信息网是一个高度强调标准化的网络，这种标准化体现在网络管理信息网的体系结构和接口标准上。基于网络管理信息网标准的通信管理网中，每一个系统的设计都遵循开放体系标准，系统的内部功能实现是面向对象的，因此系统软件具有良好的重用性，可以克服传统管理网络的弊端。

网络管理信息网是一个演进的网络，它是在各专业网络管理的基础上发展

起来的、统一的、综合的管理网络。网络管理信息网的出发点是建立一个各种网络管理系统互联的网络，管理各种各样的通信网络，包括监视、调整、减少人工的干预；解决接口的标准化问题；实现管理不同厂家的设备；减少由于新技术的引进对管理系统带来的根本性改变，以达到一种逐渐演进的目的。

第六节　智能网技术

一、智能网的概念

智能网是1992年由原国际电话与电报顾问委员会CCITT（International Telephone and Telegraph Consultative Committee）标准化的一个名词，它是一个能快速、方便、灵活、经济、有效地生成和实现各种新业务的体系。智能网是在原有的通信网的基础上，为快速提供新的业务而附加的网络结构。原有的交换机只完成基本的接续功能，而将网络的业务功能和管理功能从信息传输与交换网中分离出来，集中于含有大型数据库的业务控制点。以业务控制点为核心，进行网络管理，提供新的增值通信业务。增加或修改业务只需在业务控制点内进行，与大量的交换机无关。具有这种网络结构的通信网称为智能网。

智能网是在程控交换机得到普遍应用、计算机技术得到迅速发展、7号信令网得到广泛实施的条件下，以程控交换机为节点，7号信令作为各节点间的传输手段及业务控制计算机作为核心的电信网络。其业务的控制由一个集中的节点来完成，业务的生成和业务的管理也由集中的节点来完成，而网络中的交换机完成基本的呼叫处理，并在业务控制点的指挥下最终完成各种复杂的业务。由于智能网可通过建立集中的业务控制点和数据库，并进一步建立集中的业务管理和业务生成环境，从而快速、经济、方便地为现有网络提供各种增值业务。它将网络的功能化为小的、可以重复使用的功能块，当用户申请新的业务时，可以在现有的功能块基础上像搭积木一样为用户拼接出所需的业务。其优越性不仅在于能最优地利用各种电信网络，快速生成各种新业务，而且能够为管理提供方便；为业务运行者赢得市场并带来丰厚的利润回报。

二、智能网的特点

（1）功能分布。智能网将功能分布在专门的接点集中处理。呼叫处理集中在业务交换点SSP（Service Switch Point）上，业务控制集中在业务控制点SCP（Service Control Point）上，有专门的功能模块管理数据。采用大型、高速数据库，便于存取智能业务数据、用户数据、管理信息、计费信息等。

（2）模块化设计。智能网把呼叫处理功能分解成与业务无关的构件SIB（Service Independent Building Block），并把它们模块化，这些功能模块可以重复使用，构成各种不同的智能业务，使网络资源得到充分利用。

（3）标准化。智能网采用原CCITT和国际标准化组织ISO（International Standards Organization）的通信标准及标准化接口，使不同制造商的产品可相互兼容，网间互联极为方便。

（4）智能网根据用户各自的业务特征，采用不同的业务独立构件SIB，以软件实现智能业务，使新业务的生成周期大大缩短，投资效益大大提高。

（5）智能网可与现有电话网协调工作，既能发挥原有网络资源潜力，又能使智能网快速提供新业务的优势得以发挥，是七种投资少、见效快的新型电信网。

三、智能网的体系结构

（一）业务交换节点SSP

业务交换节点SSP是具有7号信令SS7（Signaling System 7）功能的交换机，它们一般包含简单的业务接入功能，用来识别智能网业务呼叫，悬置需要特殊处理的呼叫，通过7号信令请求业务控制节点SCP（Service Control Point）中相关业务逻辑支持，然后根据SCP的指令完成相应的动作。为此需要在其呼叫处理程序中设置若干个标准事件的探测点，用来在业务处理过程中请求外部SCP的指示。IN CS1中共规定了18个事件探测点。

（二）业务控制节点SCP

业务控制节点SCP是智能网的关键系统，它根据运行的业务逻辑指示业务交换点完成相应的动作，例如，向用户送提示音和接收用户的进一步拨号等。SCP

和SSP之间的传输链路规定为7号信令链路，应用于智能网的通信协议包含在智能网应用规程INAP（Intelligent Network Application Model）中。SCP中的业务逻辑由业务管理系统SMS（Service Management System）加载和管理。代表网络各项基本功能的可重用软件模块SIB一般经过严格测试后固化在SCP中，业务逻辑是描述这些模块的不同组合并对具体参数赋值的数据文本。

（三）独立智能外设IP

独立智能外设IP是协助完成智能业务的特殊资源，主要提供智能业务所需的语言提示和数字接收功能。目前IP主要用于各种录音通知、接收用户的双音多频拨号以及进行语音识别等。我们使用业务时的提示音"请选择提示语言种类""请输入卡号"等都是IP功能的范畴。IP可以是一个独立的物理设备，也可以在SSP中实现，故常常将IP和SSP放在一起。只有当智能网业务使用的资源种类不多或资源（如提示音）受业务影响较小时，才可用SSP中原有的资源担负IP的职责。IP受SCP控制，执行SCP业务逻辑所指定的操作。若在网络中集中设立IP，则其功能可为其他交换机所共享，既节省投资，又有利于语音资源的统一管理，同时方便放音内容经常变化的业务开展，因此从网络独立于业务的角度看，IP是智能网不可缺少的设备。

（四）业务数据点SDP

SDP提供数据库功能，接收其他设备的数据操作请求，执行操作并回送结果。但在实际应用中，SCP与SDP通常都提供业务控制功能SCF（Service Control Function）和业务数据功能SDF（Service Data Function），这时SCP和SDP在功能上已经无区别，只不过是存放数据的侧重点不同而已。

（五）业务管理系统SMS

业务管理系统SMS由计算机系统组成，可分为两部分：业务管理点SMP（Service Management Point）和业务管理接入点SMAP（Service Management Access Point）。SMP一般装配在中心控制机房，SMAP是客户端，可以放在各营业厅。SMAP提供了访问SMP的界面，在SMAP上的操作结果都存放在SMP上。SMS一般具备业务逻辑管理、业务数据管理、用户数据管理、业务监测以及业务量管理5种功能。

（六）业务生成环境SCE

业务生成环境SCE是业务开发商设计新智能业务的专用系统，它应包括业务逻辑编辑、业务数据编辑、业务验证和仿真等重要工具。目前国际电信联盟通信标准部ITU－T（International Telecommunication Unit-Telecommunication）尚没有对SMS和SCE规定具体的功能和实现模型，因此不同厂商的产品之间功能和技术水平差别很大。

四、智能网技术

（一）智能呼叫处理

智能网的基本思想是将交换功能与业务控制功能分开，简化交换机的软件，使之只完成基本的接续功能。业务交换节点SSP是连接现有PSTN以及工SDN与智能网的连接点，提供接入智能网功能集的功能。具体怎样来根据智能业务的逻辑完成呼叫的接续步骤，则完全听从业务控制点SCP的命令。为了实现交换功能与控制功能分开的思想，SSP需要在呼叫处理过程中增设一些检出点和控制点。检出点可以将呼叫过程中发生的各种事件向 SCP报告，并等待SCP的进一步控制命令。而控制点则接受SCP的控制命令，实现对呼叫过程的控制。

在智能网体系结构中，SSP包括业务交换功能SSF、呼叫控制功能CCF，呼叫控制代理功能CCAF、专用资源功能SRF，SCP包括业务控制功能SCF、业务数据功能SDF，SMS包括业务管理功能SMF，业务管理接入功能SMAF，SCE包括业务生成环境功能SCEF，这几部分协同完成智能呼叫的处理。智能呼叫处理模型包括SSF/CCF处理模型、SRF处理模型、SCF处理模型、SDF处理模型、SMF处理模型等。

（二）智能网计费

智能网计费是智能网的核心技术之一，是指除了由通常的基本呼叫处理实现的计费以外，再涉及任何特殊的计费特性时（如特殊费率、反向计费、分割计费等），要对呼叫确定的特殊的计费处理。它仅用于提供智能业务性能的呼叫，不请求智能功能辅助的呼叫计费不在此范围内。

（三）系统安全管理

网络互联所带来安全问题，可以从管理、控制和承载三个层次来加以解决。

1.管理层

管理层主要完成用户业务的提交和用户数据的登录、查询和修改。保证安全的第一步是用户的鉴权。授予不同用户以不同的访问权限，用户只有提交了登录账号和正确的口令以后才能访问SMF、SSEF等管理类的功能实体。以本地智能网为例，为了有效、安全管理预付费业务和电话付费业务，按照不同角色、不同权限进行组合，实现对电话付费业务的有效管理。电话付费业务权限包括：用户管理、用户组管理、角色管理、费率设置、优惠设置、业务受理人工干预、障碍查询、日志管理、数据生成及管理等。电话付费业务的角色分为超级用户管理员、系统管理员、业务管理员、业务操作员。系统管理员具备权限：卡的数据生成及管理；业务管理员具备权限：资费及优惠设置、用户管理、用户组管理、角色管理、业务受理人工干预、日志管理；业务操作员权限：障碍查询。以上权限设置和角色管理可以在SMAP上实现。

保证安全的第二步是具有核心权限关键用户的管理，为了确保安全性，可以采用更进一步的安全措施，目前已有的措施包括基于SSL的通信方式，可以防止通信内容被别人监听；限制登录终端，只有规定的终端可以登录在管理功能实体和互联网之间设立防火墙;管理员之间的E-mail采用PGP发送等标准的互联网安全手段。通过严格的用户签权和其他手段防止管理系统遭到恶意攻击。其次就是对用户提交的业务和数据进行检查，例如对业务属性相互干扰的检查和用户数据完整件检查等。

2.控制层

控制层涉及业务控制功能SCF，业务数据功能SDF，业务交换功能SSF，专用资源功能SRF和互联网之间的交互，主要完成业务的实时控制。由于SSF不直接和互联网打交道，安全问题不需要单独考虑。SRF和互联网的接口比较简单，几乎不能从互联网直接控制SRF，因此问题也不是很严重。SCF和SDF是IN系统核心的部分，其中SCF只和业务控制网关SCGF（Service Control Gateway Function）打交道，SCGF必须同时也是一个非常可靠的防护墙，确保从互联网绝对不可以直接访问SCP。SDF可能具备直接和互联网打交道的能力，从目前的技术发展来看，和数据库打交道一般都是通过通用网关接口CGI（Common Gateway Interface）的方式，其他方式如活动服务器网页ASP（Active Server Page），JAVA等方式受到效率和平台通用性等限制暂时还无法取代CGI，而目前安全性最薄弱的环节恰好

就在CGI上，绝大多数的网站攻击都是通过CGI进入的。因此在为SDF选用WEB服务器时，必须仔细考虑安全因素，所有的CGI程序最好采用有源码的或者自己开发的程序，以便随时检查和修改安全性漏洞。

3.传输层

GSTN系统本身来自电话终端的攻击也是很多的，各种盗打长途电话等攻击手段层出不穷，这些攻击方法很有可能发展到对互联业务的攻击，因此加强交换机的安全性，减少和消除交换机的漏洞是保证互联结构的前提。而且，一旦通用交换电话网GSTN（General Switched Telephone Network）和IP电话、H.323会议等互通之后，可能会遭到来自互联网恶意性或者无意性大流量攻击，大量无用的垃圾数据导致传输层拥塞，降低整个网络性能甚至导致网络不可用。严格控制服务质量QOS（Quality of Service），限制网络带宽的使用和最大连接数目是避免这些问题的有效途径。此外，和互联网的资源、预留协议RSVP（Resource Reservation Protocol）及相关协议进行配合，实现GSTN/Internet全网的流量控制也是需要研究的课题。

第五章

物联网中短距离无线通信技术

从近期无线通信技术的发展看，无线通信领域各种技术的互补性日趋鲜明。不同的接入技术具有不同的覆盖范围、不同的适用区域、不同的技术特点、不同的接入速率。短距离无线通信技术主要解决物联网感知层信息采集的无线传输，每种短距离无线通信技术都有其应用场景、应用对象。本章重点介绍蓝牙技术、ZigBee技术、超宽带技术、近场通信技术和无线局域网技术。

第一节　蓝牙技术

一、蓝牙技术的特点

（一）无线性强

蓝牙技术支持在有效范围内，通信设备可越过障碍物进行连接，对通信方向并无要求。通过无线的方式将蓝牙通信设备连接成一个小网络，在这个网络内可以进行资源的共享，且资源传输的速度快、效率高。

（二）开放性强、兼容性强

蓝牙SIG组织全称"蓝牙特殊利益集团"（Special Interest Group，SIG），是在1998年2月由当时世界上最有名的5个IT产业公司（爱立信、Intel、IBM东芝、诺基亚）发起组建的，并在日后不断壮大队伍。SIC作为已拥有10000多个世界范围内企业成员的国际标准化组织，一直努力推广蓝牙技术。这也就是说蓝牙的产权并非某一公司所独有，蓝牙技术的普及是有其基础支撑的。

（三）移植性强

蓝牙硬件主要是专用半导体集成电路芯片，成本低、体积小，具有很强的移动性。蓝牙规范接口可以直接集成到计算机或其他电子设备中去，为它们带来无线通信功能。

（四）抗干扰性强

蓝牙的抗干扰能力得益于它的跳频技术（Frequency Hopping，FH）。发送端和接收端按照相同的跳频规律进行稳定的通信，使其免受外来干扰。在蓝牙1.2版及2.0版中还将跳频技术进行了改进．即可调式跳频技术（Adaptive Frequency Hopping，AFH），进一步加强了抗干扰的能力。

（五）功耗低

蓝牙通信采用时分复用TDD方式和高斯频移键控CFSK的调制方式，采用1 mW（0 dBm）的发射功率，且在4~20 dBm范围内还通常采用发射功率控制，这就确定了蓝牙低功耗的特点。1 mW相当于微波炉使用功率的10^{-6}，所以说蓝牙电池使用时间长、辐射小。

（六）传输距离小

一般情况下有效传输距离为10 m，这主要是由于其发射功率的限制，有得必有失，但权衡估计，蓝牙技术还是愿意以牺牲距离的代价来换得其优势之处。

近期蓝牙的主要目标是取代各种电缆连接，使用统一标准的无线链路网将数字设备连接成一个紧密的整体以传输语音和数据。它的方便灵活、低成本、低功耗更受用户欢迎。蓝牙的长远目标是打人家用和商用的近距离数据传输市场，由此可见蓝牙在物联网的应用正是符合其长远发展目标的。

二、蓝牙关键技术

（一）无线频段的选择和抗干扰

蓝牙技术采用2400~2483.5 MHz的ISM（工业、科学和医学）频段，这是因为：（1）该频段内没有其他系统的信号干扰，同时频段向公众开放，无须特许；（2）频段在全球范围内有效。世界各国、各地区的相关法规不同，一般只规定信号的传输范围和最大传输功率。对于一个在全球范围内运营的系统，其选用的频段必须同时满足所有规定，使任何用户都可接入，因此必须将所需要素最小化。在满足规则的情况下，可自由接入无线频段，此时，抗干扰问题便变得非常重要。因为2.45 GHz ISM频段为开放频段，使用其中的任何频段都会遇到不可预测的干扰源（如某些家用电器、无线电话和汽车开门器等），此外，对外部和其他蓝牙用户的干扰源也应做充分估计。

抗干扰方法分为避免干扰和抑制干扰。避免干扰可通过降低各通信单元的信号发射电平来达到，抑制干扰则通过编码或直接序列扩频来实现。然而，在

不同的无线环境下，专用系统的干扰和有用信号的动态范围变化极大。在超过50 dB的远近比和不同环境功率差异的情况下，要达到1 Mbit/s以上速率，仅靠编码和处理增益是不够的。相反，由于信号可在频率（或时间）没有干扰时（或干扰低时）发送，避免干扰更容易一些。若采用时间避免干扰法，当遇到时域脉冲干扰时，发送的信号将会中止。大部分无线系统是带限的，而在2.45 GHz频段上，系统带宽为80 MHz，可找到一段无明显干扰的频谱，同时利用频域滤波器对无线频带其余频谱进行抑制，以达到理想效果。因此，以频域避免干扰法更为可行。

（二）多址接入体系和调制方式

选择专用系统多址接入体系，是因为在ISM频段内尚无统一的规定。频分多址（FDMA）的优势在于信道的正交性仅依赖发射端晶振的准确性，结合自适应或动态信道分配结构，可免除干扰，但单一的FDMA无法满足ISM频段内的扩频需求。时分多址（TDMA）的信道正交化需要严格的时钟同步，在多用户专用系统连接中，保持共同的定时参考十分困难。码分多址（CDMA）可实现扩频，应用于非对称系统，可使专用系统达到最佳性能。

直接序列（DS）CDMA因远近效应，需要一致的功率控制或额外的增益。与TDMA相同，其信道正交化也需共同的定时参考，随着使用数目的增加，将需要更高的芯片速度、更宽的带宽（抗干扰）和更多的电路消耗。跳频（FH）CDMA结合了专用无线系统中的各种优点，信号可扩频至很宽的范围，因而使窄带干扰的影响变得很小。跳频载波为正交，通过滤波，邻近跳频干扰可得到有效抑制，而对窄带和用户间干扰造成的通信中断，可依赖高层协议来解决。在ISM频段上，FH系统的信号带宽限制在1 MHz以内。为了提高系统的健壮性，选择二进制调制结构。由于受带宽限制，其数据速率低于1 Mbit/s。为了支持突发数据传输，最佳的方式是采用非相干解调检测。蓝牙技术采用高斯频移键控调制，调制系数为0.3。逻辑"1"发送正频偏，逻辑"0"发送负频偏。解调可通过带限FM鉴频器完成。

（三）媒体接入控制（MAC）

蓝牙系统可实现同一区域内大量的非对称通信。与其他专用系统实行一定范围内的单元共享同一信道不同，蓝牙系统设计为允许大量独立信道存在，每一个信道仅为有限的用户服务。从调制方式可看出，在ISM频段上，一条FH信道所支持的比特率为1 Mbit/s。理论上，79条载波频谱支持79 Mbit/s。由于跳频序列非正交化，理论容量79 Mbit/s不可能达到，但可远远超过1 Mbit/s。

一个FH蓝牙信道与一个微微网相连。微微网信道由一个主单元标识（提供跳频序列）和系统时钟（提供跳频相位）定义，其他为从单元。每一个蓝牙无线系统有一个本地时钟，没有通常的定时参考。当一个微微网建立后，从单元进行时钟补偿，使之与主单元同步，微微网释放后，补偿亦取消，但可存储起来以便再用。不同信道有不同的主单元，因而存在不同的跳频序列和相位。一条普通信道的单元数量为8（1主7从），可保证单元间有效寻址和大容量通信。蓝牙系统建立在对等通信基础上，主从任务仅在微微网生存期内有效，当微微网取消后，主从任务随即取消。每一单元皆可为主/从单元，可定义建立微微网的单元为主单元。除定义微微网外，主单元还控制微微网的信息流量，并管理接入。接入为非自由竞争，625 ps的驻留时间仅允许发送一个数据包。基于竞争的接入方式需较多开销，效率较低。在蓝牙系统中，实行主单元集中控制，通信仅存在于主单元与一个或多个从单元之间。主从单元通信时，时隙交替使用。在进行主单元传输时，主单元确定一个欲通信的从单元地址，为了防止信道中从单元发送冲突，采用轮流检测技术，即对每个从到主时隙，由主单元决定允许哪个从单元进行发送。这一判定是以前一个时隙发送的信息为基础实施的，且仅有恰为前一个主到从被选中的从地址可进行发送。若主单元向一个具体从单元发送了信息，则此从单元被检测，可发送信息。若主单元未发送信息，它将发送一个检测包来标明从单元的检测情况。主单元的信息流体系包含上行和下行链路，目前已有考虑从单元特征的智能体系算法。主单元控制可有效阻止微微网中的单元冲突。当互相独立的微微网单元使用同一跳频时，可能发生干扰。系统利用Aloha技术，当信息传送时，不检测载波是否空载（无侦听），若信息接收不正确，将进行重发（仅有数据）。由于驻留期短，FH系统不宜采用避免冲突结构，对每一跳频，会遇到不同的竞争单元，后退机制效率不高。

（四）基于包的通信

蓝牙系统采用基于包的传输：将信息流分片（组）打包，在每一时隙内只发送一个数据包。所有数据包格式均相同：开始为接入码，接下来是包头，最后是负载。

接入码具有伪随机性质，在某些接入操作中，可使用直接序列编码。接入

码包括微微网主单元标志，在该信道上，所有包交换都使用该主单元标志进行标识，只有接入码与接入微微网主单元的接入码相匹配时，才能被接收，从而防止一个微微网的数据包被恰好加载到相同跳频载波的另一微微网单元所接收。在接入端，接入码与一个滑动相关器内要求的编码匹配，相关器提供直接序列处理增益。包头包含：从地址连接控制信息3 bit，以区分微微网中的从单元；用于标明是否需要自动查询方式（ARQ）的响应/非响应1 bit；包编码类型4 bit，定义16种不同负载类型；头差错检测编码（HEC）8 bit，采用循环冗余检测编码（CRC）检查头错误。为了限制开销，数据包头只用18 bit，包头采用1/3速率前向纠错编码（FEC）进一步保护。

蓝牙系统定义了4种控制包：1.ID控制包，仅包含接入码，用于信令；2.空（NUII）包，仅有接入码和包头，必须在包头传送连接信息时使用；3.检测（POLL）包，与空包相似，用于主单元迫使从单元返回响应；4.FHS包，即FH同步包，用于在单元间交换实时时钟和标志信息（包括两单元跳频同步所需的所有信息）。其余12种编码类型用于定义包的同步或异步业务。

在时隙信道中，定义了同步和异步连接。目前，异步连接对有无2/3速率FEC编码方式的负载都支持，还可进行单时隙、3时隙、5时隙的数据包传输。异步连接最大用户速率为723.2 kbit/s，这时，反向连接速率可达到57.6 kbit/s。通过交换包长度和依赖于连接条件的FEC编码，自适应连接可用于异步链，依赖有效的用户数据，负载长度可变。然而，最大长度受限于RX和TX之间最少交换时间（为200 ps）。对于同步连接，仅定义了单时隙数据包传输，负载长度固定，可以有1/3速率、2/3速率或无FEC。同步连接支持全双工，用户速率双向均为64 kbit/s。

三、蓝牙网络基本结构

（一）微微网

微微网是实现蓝牙无线通信的最基本结构。一个微微网可以只是两台相连的设备，比如一台笔记本电脑和一部移动电话，也可以是几台连在一起的设备。在一个微微网中，所有设备的级别是相同的，具有相同的权限。

虽然每个微微网只有一个主设备，但从设备可以基于时分复用机制加入不同的微微网，而且一个微微网的主设备可以成为另外一个微微网的从设备。每个微微网都有其独立的跳频序列，它们之间并不跳频同步，由此避免了同频干扰。

（二）散射网

散射网是由多个独立的非同步的微微网组成的，是比微微网覆盖范围更大的蓝牙网络。它靠跳频顺序识别每个微微网，同一个微微网中的所有用户都与该跳频顺序同步。一个散射网，在带有十个全负载的独立的微微网的情况下，全双工的数据速率超过6Mbps。其特点是不同的微微网之间有互联的蓝牙设备。

第二节　ZigBee 技术

一、ZigBee技术的特点

与同类通信技术相比，ZigBee技术具备如下特点。

（一）数据传输率低

ZigBee网络的数据传输率在20~250 Kb/s。例如，在频率为2.4 GHz的波段数据传输率为250 Kb/s，在频率为915 MHz的波段数据传输率为40 Kb/s，而在频率为868 MHz的波段其数据传输率则为20 Kb/s。

（二）网络容量大

ZigBee网络中一个主节点最多可管理254个子节点，同时主节点还可由上一层网络节点管理，最多可组成65000个节点的大网。例如，一个星状结构的ZigBee网络最多可以容纳254个从设备和1个主设备，一个区域内可以同时存在最多100个ZigBee网络，而且网络组成灵活。

（三）成本低、功耗低

早期的ZigBee模块初始成本在6美元左右，目前已经降到1.5~2.5美元，并且ZigBee协议免专利费。由于ZigBee的传输速率低，其发射功率仅为1 mW，而且又采用了休眠模式使其具有较低功耗，因此ZigBee设备非常省电。据估算ZigBee设备仅靠两节5号电池就可以维持长达6个月到2年的使用时间，这是其他无线设备望尘莫及的。

（四）安全、可靠

ZigBee网络提供了基于循环冗余校验的数据包完整性检查功能，支持鉴权和认证，并采用了AES-128的加密算法。ZigBee网络采取了碰撞避免策略，同时为需要固定带宽的通信业务预留了专用时隙，避开了发送数据的竞争和冲突。此外，ZigBee技术还采用了完全确认的数据传输模式，每个发送的数据包都必须等待接收方的确认信息，如果传输过程中出现问题可以进行重发。

（五）网络速度快、时延短

ZigBee网络的通信时延以及从休眠状态激活的时延都非常短，典型的搜索设备时延为30 ms，休眠激活的时延是15 ms，活动设备信道接入的时延为15 ms。因此ZigBee技术适用于对时延要求苛刻的无线控制应用。

二、ZigBee网络的设备类型

ZigBee标准采用一整套技术来实现可扩展的、自组织的和自恢复的无线网络，并能够管理各种数据传输模式。为了降低系统成本，ZigBee网络依据IEEE 802.15.4标准，定义了两种类型的物理设备，即全功能设备（Full Function Device，FFD）和简化功能设备（Reduced Function Device）。表5-1给出了这两种物理设备的功能描述。

表5-1 ZigBee物理设备的功能描述

设备类型	所适用的拓扑结构	功能描述
全功能设备（FFD）	星形网络 网状网络 簇—树状网络	FFD是具有转发与路由能力的结点。它拥有足够的存储空间来存放路由信息，其处理控制能力也相应得到增强。FFD可作为协调器或设备，并与任何设备进行通信
简化功能设备（RFD）	星形网络	RFD内存小、功耗低，在网络中作为源结点，只发送与接收信号，并不起转发器或路由器的作用。RFD不能作为协调器，只能与全功能设备通信，消耗的资源和存储开销极少

在ZigBee网络中，每一个结点都具备一个无线电收发器、一个很小的微控制器和一个能源。这些装置将互相协调工作，以确保数据在网络内进行有效的传输。而一个网络只需要一个网络协调者，其他终端设备可以是RFD，也可以是FFD。

依据IEEE 802.15.4标准，ZigBee网络将这两种物理设备在逻辑上又定义成为3类设备，即ZigBee协调器、ZigBee路由器和ZigBee终端设备。

（1）ZigBee协调器是3类设备中最为复杂的一种。它的存储容量最大，计算能力最强，因此必须是全功能设备，并且一个ZigBee网络中也只能存在一个协调器。ZigBee协调器负责发送网络信标，建立和初始化ZigBee网络，确定网络工作的信道以及16位网络地址的分配等。

（2）ZigBee路由器是一个全功能设备。它类似于IEEE 802.15.4定义的协调器。在接入网络后它就自动获得一个16位网络地址，并允许在其通信范围内的其他结点加入或者退出网络，同时还具有路由和转发数据的功能。

（3）ZigBee终端设备可以由简化功能设备或者全功能设备构成。它只能与父结点进行通信，并从父结点处获得网络标识符和短地址等信息。

三、ZigBee网络的拓扑结构

ZigBee网络层主要支持3种类型的拓扑结构，即星型结构、网状结构和簇—树状结构。

（一）星型结构

星型网络是由一个ZigBee协调点和一个或多个ZigBee终端结点构成的。ZigBee协调点必须是FFD，它位于网络的中心位置，负责建立和维护整个网络，其他结点一般为RFD，也可以为FFD，它们分布在ZigBee协调点的覆盖范围内，直接与ZigBee协调点进行通信。

（二）网状结构

网状网络一般是由若干个FFD连接在一起组成的骨干网。它们之间是完全的对等通信，每一个结点都可以与其无线通信范围内的其他结点进行通信，但它们中也有一个会被推荐为ZigBee的协调点，例如，可以把第一个在信道中通信的结点作为ZigBee协调点。骨干网中的结点还可以连接FFD或RFD构成以它为协调点的子网。网状网络是一种高可靠性网络，具有自动恢复的能力，可以为传输的数据包提供多条传输路径，一旦一条路径出现了故障，便可选择另一条或多条路径。但正是由于两个结点之间存在多条路径，使得该网络成为一种高冗余的通信网络。

（三）簇—树状结构

簇—树状网络中，结点可以采用Cluster-Tree路由来传输数据和控制信息。

枝干末端的叶子结点一般为RFD。每一个在它的覆盖范围中充当协调点的FFD向与它相连的结点提供同步服务，而这些协调点又受ZigBee协调点的控制。ZigBee协调点比网络中的其他协调点具有更强的处理能力和存储空间。簇—树状网络的一个显著优点是它的网络覆盖范围非常大，但随着覆盖范围的不断增大，信息—传输的延时也会逐渐变大，从而使同步变得越来越复杂。

四、ZigBee协议栈

ZigBee协议栈是基于标准的开放式系统互联参考模型设计，共包括4个层次，分别为物理层、数据链路层、网络层和应用层。其中较低的两个层次，即物理层和数据链路层由IEEE 802.15.4标准定义，网络层和应用层标准由ZigBee联盟制定。

（一）物理层

IEEE 802.15.4标准定义物理层的任务是通过无线信道进行安全、有效的数据通信，为数据链路层提供服务。IEEE 802.15.4标准定义了两个物理层，分别为运行在868/915MHz的物理层和2.4GHz的物理层。

物理层通过射频固件和射频硬件提供了一个从MAC层到物理层无线信道的接口。在物理层中有数据服务接入点PD-SAP和物理层管理实体服务接入点PLME－ SAP，通过PD-SAP为物理层数据提供服务，通过PLME－SAP为物理层管理提供服务。

（二）数据链路层

IEEE 802系列标准把数据链路层分成逻辑链路控制（LLC）子层和介质接入控制（MAC）子层。LLC子层在IEEE 802.6标准中定义，为802标准系列所共用，而MAC子层协议则依赖于各自的物理层。LLC子层进行数据包的分段、重组以及确保数据包按顺序传输，MAC子层为两个ZigBee设备的MAC层实体之间提供可靠的数据链路。

MAC子层在服务协议汇聚层（SSCS）和物理层之间提供了一个接口。MAC层包括一个管理实体，该实体通过一个服务接口可调用MAC层管理功能，该实体还负责维护MAC层固有的管理对象的数据库。MAC子层的主要功能是通过CSMA－ CA机制解决信道访问时的冲突，并且可实现发送信标或检测、跟踪信标，能够处理和维护保护时隙（GTS），实现设备间链路连接的建立和断开，为设备提供安全机制。

（三）网络层

网络层是ZigBee协议栈的核心部分，其主要功能是确保MAC层的正确工作，同时为应用层提供服务，具体包括网络维护、网络层数据的发送与接收、路由的选择、广播通信和多播通信等。

为实现与应用层通信，网络层定义了两个服务实体，分别为网络层数据实体（NLDE）和网络层管理实体（NLME）。NLDE通过服务接入点NLDE – SAP提供数据传输服务，NLME则通过服务接入点NLME – SAP提供网络管理服务，并完成对网络信息库NIB的维护和管理。NLDE提供数据服务是通过允许一个应用程序在两个或多个设备之间传输应用协议数据单元APDU实现，但是设备本身必须位于同一个网络。NLME提供管理服务则是通过允许一个应用程序与协议栈相互作用来实现。

（四）应用层

ZigBee应用层由应用支持子层（APS）、厂商定义的应用对象（AF）和ZigBee设备对象（ZDO）三部分组成。ZigBee应用层除了为网络层提供必要的服务接口和函数，还允许应用者自定义应用对象。ZigBee网络中的应用框架是为ZigBee设备中的应用对象提供活动的环境。

APS主要用于绑定ZigBee设备之间的传送信息并维护绑定信息。在网络层和应用层之间APS提供了从ZDO到供应商应用对象的通用服务集接口，由APS数据实体（APSDE）和APS管理实体（APSME）实现。APSDE通过服务接入点APSDE – SAP实现在同一个网络中的两个或者更多的应用实体之间的数据通信。APSME通过服务接入点APSME –SAP提供多种服务给应用对象，并维护管理对象的数据库AIB。

ZDO是一个应用程序，位于应用框架和APS之间，通过使用网络层和应用支持子层的服务原语来执行ZigBee终端设备、ZigBee路由器和ZigBee协调器功能。ZDO的主要功能是发现网络中的设备、定义设备在网络中的角色、确定向设备提供某种服务、发起和响应绑定请求以及在设备间建立安全机制等。

第三节　超宽带技术

一、超宽带的定义

超宽带无线电是指具有很高带宽比（射频带宽与其中心频率之比）的无线电技术。美国FCC对超宽带的定义为

$$\frac{(f_H - f_L)}{f_C} > 20\% \text{（或者总带宽不小于500MHz）}$$

其中，f_H、f_L分别为功率较峰值功率下降10 dB时所对应的高端频率和低端频率，f_C为载波频率或中心频率。

事实上，目前被称作"超宽带"系统的带宽比未必都是20%，美国国防高级研究计划署对超宽带特征的定义是相对带宽大于25%。也有一些定义为10%左右，但它们已不是基于正弦载波的无线电系统的概念，而是针对一种采用冲激脉冲作为信息载体的非正弦系统。

从频域来看，超宽带有别于传统的窄带和宽带，它的频带更宽。窄带是指相对带宽（信号带宽与中心频率之比）小于1%，相对带宽在1%~25%之间的被称为宽带，相对带宽大于25%，而且中心频率大于500 MHz的被称为超宽带，如表5-2所示。

表5-2 窄带、宽带及超宽带的比较

频带	信号带宽/中心频率
窄宽	$\leq 1\%$
宽带	$\geq 1\%$ 且 $\leq 25\%$
超宽带	$\geq 25\%$ 或带宽 ≥ 500 Mbit/s

从时域上讲，超宽带系统有别于传统的通信系统。一般的通信系统是通过发送射频载波进行信号调制，而超宽带是利用起、落点的时域脉冲（几十纳秒）直接实现调制，超宽带的传输把调制信息过程放在一个非常宽的频带上进行，而

且以这一过程中所持续的时间来决定带宽所占据的频率范围。由于超宽带发射功率受限，进而限制了其传输距离。有关资料表明，超宽带信号的有效传输距离在10 m以内，故在民用方面，超宽带普遍地定位于个人局域网范畴。

根据香农信道容限公式 $C = B \log_2 (1 + \dfrac{P}{BN_0})$（式中 B 为信道带宽，N_0 为高斯白噪声功率谱密度，P 为信号功率）可得，增大通信容量有两种实现方法，一是通过增加信号功率 P，二是增大传输带宽。超宽带技术就是通过后者来获得非常高的传输速率。

二、超宽带的实现方式

超宽带通信系统的主要实现方式：基带脉冲方式和载波调制方式。前者是传统的超宽带通信方式，后者是FCC规定了超宽带通信的频率使用范围和功率限制后，在UW无线通信标准化的过程中提出的。载波调制的超宽带通信系统又可分为单带和多带两种形式。

（一）脉冲无线电

脉冲无线电技术（Impulse Radio，IR）是以占空比很低的冲激脉冲（宽度为纳秒级的窄脉冲）作为信息载体的无线电技术。窄脉冲序列携带信息，直接通过天线传输，不需要对正弦载波进行调制。这种传输方式在中低速应用时具有系统实现简单、成本低、功耗小、抗多径能力强、空间/时间分辨率高等优点。从结点设计复杂度、节电功耗方面考虑，脉冲无线电技术非常适用于无线传感器网络的物理层设计。

（二）单载波方式

采用单载波方式的超宽带通信系统通过载波调制，将信号搬移到合适的频段进行通信。单载波方案的基本思想是同时使用整个7500 MHz可用频带。这里以Motorola公司向IEEE 802.15.3a任务组提交的单载波DS－CDMA超宽带方案为例，该方案有两个可用频段：低频段3.1~5.15 GHz和高频段5.825~10.6 GHz。超宽带信号可以通过对载波的调制，在这两个频段之一传输，或在这两个频段同时传输。为了避免对美国非特许的国家信息基础设施（UNII）频段系统的干扰，两个频段之间的部分没有利用。

（三）多带载波方式

多带载波（MB – OFDM）方式将可用的频段分为多个子带，每个子带的带宽一般等于或稍大于500 MHz。通信时，可以根据信息速率、系统功耗的要求以及其他系统共存的要求等，动态地使用部分或全部子带，通过同时发送多个不同频带的超宽带信号来提高频谱的利用率。

脉冲无线电、单带载波DS –CDMA和MB – OFDM三种超宽带方案的比较如表5-3所示，可见脉冲无线电的系统复杂度低，定位精度高，具有数据通信与测距定位双重功能，因此有很广的应用前景，也是当前研究的一个热点。

表5-3 脉冲无线电、单带载波DS – CDMA和MB – OFDM三种超宽带方案的比较

比较项目	IR – 超宽带	DS – CDMA	MB – OFDM
是否有载波调制	否	是	是
相对复杂度	低	高	高
相对功耗	低	高	高
是否满足FCC规定	是	是	是
频谱利用率	较低	一般	高
定位精度	高	较高	一般

三、超宽带的技术特点

由于超宽带与传统通信系统相比，工作原理迥异，因此超宽带具有传统通信系统无法比拟的技术特点。

（一）系统结构的实现比较简单

当前的无线通信技术所使用的通信载波是连续的电波，载波的频率和功率在一定范围内变化，从而利用载波的状态变化来传输信息。而超宽带则不使用载波，它通过发送纳秒级脉冲来传输数据信号。超宽带发射器直接用脉冲小型激励天线，不需要传统收发器所需要的上变频，从而不需要功用放大器与混频器，因此，超宽带允许采用非常低廉的宽带发射器。在接收端，超宽带接收机也有别于传统的接收机，不需要中频处理，因此，超宽带系统结构的实现比较简单。

（二）高速的数据传输

民用商品中，一般要求超宽带信号的传输范围为10 m以内，再根据经过修改的信道容量公式，其传输速率可达500 Mbit/s，是实现个人通信和无线局域网的

一种理想调制技术。超宽带以非常宽的频率带宽来换取高速的数据传输，并且不单独占用现在已经拥挤不堪的频率资源，而是共享其他无线技术使用的频带。在军事应用中，可以利用巨大的扩频增益来实现远距离、低截获率、低检测率、高安全性和高速的数据传输。

（三）功耗低

超宽带系统使用间歇的脉冲来发送数据，脉冲持续时间很短，一般在0.20~1.5 ns之间，有很低的占空因数，系统耗电可以做到很低，在高速通信时系统的耗电量仅为几百微瓦至几十毫瓦。民用的超宽带设备功率一般是传统移动电话所需功率的1/100左右，是蓝牙设备所需功率的1/20左右。军用的超宽带电台耗电也很低。因此，超宽带设备在电池寿命和电磁辐射上，相对于传统无线设备有着很大的优越性。

（四）安全性高

作为通信系统的物理层技术具有天然的安全性能。由于超宽带信号一般把信号能量弥散在极宽的频带范围内，对一般通信系统，超宽带信号相当于白噪声信号，并且大多数情况下，超宽带信号的功率谱密度低于自然的电子噪声，从电子噪声中将脉冲信号检测出来是一件非常困难的事。采用编码对脉冲参数进行伪随机化后，脉冲的检测将更加困难。

（五）多径分辨能力强

由于常规无线通信的射频信号大多为连续信号或其持续时间远大于多径传播时间，多径传播效应限制了通信质量和数据传输速率。由于超宽带无线电发射的是持续时间极短的单周期脉冲且占空比极低，多径信号在时间上是可分离的。假如多径脉冲要在时间上发生交叠，其多径传输路径长度应小于脉冲宽度与传播速度的乘积。由于脉冲多径信号在时间上不重叠，很容易分离出多径分量以充分利用发射信号的能量。大量实验表明，对常规无线电信号多径衰落深达10~30 dB的多径环境，对超宽带无线电信号的衰落最多不到5 dB。

（六）定位精确

冲激脉冲具有很高的定位精度，采用超宽带无线电通信，很容易将定位与通信合一，而常规无线电难以做到这一点。超宽带无线电具有极强的穿透能力，可在室内和地下进行精确定位，而GPS定位系统只能工作在GPS定位卫星的可视

范围之内；与GPS提供绝对地理位置不同，超短脉冲定位器可以给出相对位置，其定位精度可达厘米级，此外，超宽带无线电定位器价格更便宜。

（七）工程简单，造价便宜

在工程实现上，超宽带比其他无线技术要简单得多，可全数字化实现。它只需要以一种数学方式产生脉冲，并对脉冲产生调制，而这些电路都可以被集成到一个芯片上，设备的成本将很低。

超宽带主要应用在小范围、高分辨率，能够穿透墙壁、地面和身体的雷达和图像系统中。除此之外，这种新技术适用于对速率要求非常高（大于100 Mbit/s）的LAN或PAN。超宽带最具特色的应用将是视频消费娱乐方面的无线个人局域网（PAN）。现有的无线通信方式，即IEEE 802.11lb和蓝牙的速率太慢，不适合传输视频数据；54 Mbit/s速率的IEEE 802.11a标准可以处理视频数据，但费用昂贵。而超宽带有可能在10 m范围内支持高达110 Mbit/s的数据传输速率，不需要压缩数据，可以快速、简单、经济地完成视频数据处理。具有一定相容性和高速、低成本、低功耗的优点使得超宽带较适合家庭无线消费市场的需求；超宽带尤其适合近距离内高速传送大量多媒体数据以及可以穿透障碍物的突出优点，让很多商业公司将其看作是一种很有前途的无线通信技术，应用于诸如将视频信号从机顶盒无线传送到数字电视等家庭场合。当然，超宽带未来的发展还要取决于各种无线方案的技术发展、成本、用户使用习惯和市场成熟度等多方面的因素。

第四节　近场通信技术

一、近场通信技术简介

近场通信技术（Near Field Communication，NFC）是一种非接触式识别和互联技术，可以在移动设备、消息类电子产品、PC和智能控件工具间进行近距离无线通信。

是在RFID和互联技术二者整合基础上发展而来的，只要任意两个设备靠近而不需要线缆接插就可以实现相互间的通信。近场通信技术可以用于设备的互联、服务搜寻及移动商务等广泛的领域。近场通信技术提供的设备间的通信是高速率的，这无疑是其优势之一。

与其他近距离无线通信技术相比，近场通信的安全性更高，非常符合电子钱包技术对于安全度的要求，因此近场通信广泛使用于电子钱包技术。此外，近场通信可以与现有非接触智能卡技术兼容，所以它的出现已经越来越被关注与重视。

二、近场通信技术特点

近场通信技术的发展在于用户的需求，近场通信和其他短距离通信技术一样都是满足用户一定的需求。其他短距离通信技术如Wi-Fi、LWB、Buletooth等在某个领域都得到了相应的应用，Wi-Fi提供的一种接入互联网的标准，可以看作是互联网的无线延伸。LWB应用在家庭娱乐短距离的通信传输，直接传输宽带视频数据流。蓝牙主要应用于短距离的电子设备直接的组网或点对点信息传输，如耳机、电脑、手机等。近场通信技术是将RFC技术和互联网技术相融合，为了满足用户包括移动支付与交易、对等式通信及移动中信息访问在内的多种应用。

与其他近距离通信技术相比，近场通信技术具有鲜明的特点，主要体现在以下几个方面：

（一）距离近、能耗低

近场通信技术是一种能够提供安全、快捷通信的无线连接技术，但由于近场通信采取了独特的信号衰减技术，其他通信技术的传输范围可以达到几米、甚至百米，通信距离不超过20 cm；由于其传输距离较近，能耗相对较低。

（二）近场通信更具安全性

近场通信是一种近距离连接技术，提供各种设备间距离较近的通信。与其他连接方式相比，近场通信是一种私密通信方式，加上其距离近、射频范围小的特点，其通信更加安全。

（三）近场通信与现有非接触智能卡技术兼容

近场通信标准目前已经成为得到越来越多主要厂商支持的正式标准，很多非接触智能卡都能够与近场通信技术相兼容。

（四）传输速率较低

近场通信标准规定了数据传输速率具备了三种传输速率，最高的仅为424 kb/s，传输速率相对较低，不适合诸如音视频流等需要较高带宽的应用。

近场通信作为一种新兴的技术，它的目标并非是完全取代蓝牙、Wi-Fi等其他无线技术，而是在不同的场合、不同的领域起到相互补充的作用。近场通信作为一种面向消费者的交易机制，比其他通信更可靠而且简单得多。近场通信面向近距离交易，适用于交换财务信息或敏感的个人信息等重要数据；但是其他通信方式能够弥补N FC通信距离不足的缺点，适用于较长距离数据通信，因此，近场通信与其他通信方式互为补充，共同存在。

三、近场通信工作模式

近场通信采用双向识别和连接，任意两个近场通信设备接近而不需要线缆接插就可以实现相互间的通信，满足任何两个无线设备间的信息交换、内容访问、服务交换等工作要求。近场通信可采用3种不同的工作模式：卡模拟模式、点对点模式、读卡器模式图。

（一）卡模拟模式

卡模拟模式类似于一张采用RFID技术的IC卡。可用于商场刷卡、公交卡、门禁管制、车票、门票等，即便是寄主设备（如手机）没电也可以工作。

（二）点对点模式

这个模式与红外和蓝牙相似，将两台近场通信设备触碰一下就能建立链接，实现数据点对点传输，共享文档、数据和应用。

（三）读卡器模式

读卡器模式就是把近场通信设备当作一台读卡器来用，能从海报或展览信息中读取电子标签以获取相关信息。

四、通信模式

近场通信通信通常在发起设备和目标设备间发生，任何的近场通信装置都可以为发起设备或目标设备。两者之间是以交流磁场方式相互融合，并以ASK方式或FSK方式进行载波调制，传输数字信号。发起设备产生无线射频磁场来初始化近场通信IP-1的通信（调制方案、编码、传输速度与射频接口的帧格式）。目标设备则响应发起设备所发出的命令，并选择由发起设备所发出的或是自行产生的无线射频磁场进行通信。

（一）主动模式

在主动模式下，每台设备要向另一台设备发送数据时，都必须产生自己的射频场。发起设备和目标设备都要产生自己的射频场，以便进行通信。这是点对点通信的标准模式，可以获得非常快速的连接设置。

（二）被动模式

在被动模式下，近场通信发起设备（也叫主设备，启动近场通信的设备），在整个通信过程中提供射频场。它可以选择106 kbit/s、212 kbit/s或424 kbit/s其中一种传输速度，将数据发送到另一台设备。另一台设备称为近场通信目标设备（从设备），不必产生射频场，利用感应的电动势提供工作所需的电源，使用负载调制技术进行数据收发。

五、近场通信传输协议

近场通信技术在传输数据时，需要经过三部分的协议才能将数据传输给接收目标。即：请求和参数选择也称激活协议，数据交换协议和关闭协议。

（一）近场通信数据传输激活协议

数据传输设备初始化数据接收标签或目标设备，防止在传输过程中其他目标设备或标签获取传输信息，构建防冲突机制；通过传输目标的初始化选择通信模式和传输速率，根据目标设备返回的指令对目标设备进行检测，若目标设备准备就绪，发送数据传输请求指令；因近场通信有三种传输速率，检查接收数据的近场通信设备符合哪种传输速率，并按相应的协议发送请求指令；若目标设备不支持协议请求，则目标设备恢复原始状态，等待下一次的请求；若目标设备支持该协议请求，则返回响应协议请求指令，在响应得到回复指令后将进一步对目标设备的可变参数进行检验，若可变参数符合协议要求则返回响应指令，反之不响应；应用数据交换协议进行数据传输。

（二）近场通信数据传输的数据交换协议

近场通信传输数据是以数据块为单位进行传输的，数据传输设备和数据接

收设备采用半双工（在通信过程的任意时刻，信息既可由A传到B，又能由B传A，但只能由一个方向上的传输存在）方式进行传输。数据交换请求与响应指令包头区分别为CMD0和CMD1，包头区指令各占一个字节。

（三）近场通信数据传输的关闭协议

当近场通信智能设备间数据传输完毕后，近场通信数据传输关闭协议将关闭数据传输设备间的连接状态，传输设备和目标设备都回到原始状态。

六、近场通信防冲突机制

为防止干扰正在工作的其他近场通信设备或在同一频段工作的其他类型电子设备，近场通信标准规定必须先要进行周围射频场的检测。具体点来说就是在呼叫前，所有近场通信设备都要执行系统初始化操作，一旦检测到的近场通信频段的射频小于规定的门限值（0.1875A/m）时，近场通信设备才能开始呼叫。假如在近场通信射频范围内，存在多台近场通信设备同时开机，那么近场通信设备点对点通信的正常进行则需要采用单用户检测来保证。防冲突技术一般采用以下两种算法来实现。

（一）ADHOC算法

所谓ADHOC是指无线自组织网络，又称为无线对等网络，是由若干个无线终端构成的一个临时性、无中心的网络。ADHOC算法主要应用在通信速率为212 kbps、424 kbps的情况下。ADHOC算法分为两种：纯ADHOC算法和时隙ADHOC算法。

纯ADHOC算法原理：标签随机地发送信息，阅读器检测收到的信息且判断成功接收与否，然后标签需要一定时长的恢复再重新发送信息。

时隙ADHOC算法原理：该算法是在纯ADHOC算法基础上的改进，将时间分成多个时隙，然后选定一个时隙的起始处作为发送信息的起始点，目标通信方信息的发送需要主动通信方对其进行同步。

纯ADHOC算法的缺陷比较明显，即冲突发生的概率很大；与纯ADHOC算法相比，时隙ADHOC算法中的碰撞区间缩小了一半，信道利用率提高了一倍。

（二）二进制搜索算法

二进制搜索算法主要应用在106 kbps速率通信状况下，采用位冲突监测协议实现防碰撞过程，即主动通信方对目标方返回的唯一标识号（近场通信ID）中的每一位进行冲突检测。

在EMCA-340标准中，采用的是一种改进的二进制搜索算法—动态二进制搜索算法。这种算法比原算法略高一层的原因在于不要求发送全部标识号进行整体比较，而只需要针对不同的位置发送一部分标识号，最终选定一个目标进行通信。该算法大大减少了需要传输的数据量和传输时间。

七、近场通信应用

近场通信终端设备可以用作非接触式智能卡、智能卡的读写器终端和终端闯的数据传输链路，主要有以下4种基本类型的应用。

1.消费应用

近场通信手机可作为乘车票，通过接触进行购票和存储车票信息，这要求手机具有足够的内存和高速的CPU，当然，现在的手机足以满足这些要求。此外，电子钱包也是近场通信手机的一种功能。

2.类似门禁的应用

近场通信手机可用于公寓解锁，当手机与门都安装了相对应的芯片时，只要将手机贴近门即可开锁。另外还可以直接利用手机交付物业费等。

3.应用于智能手机

将近场通信卡嵌入到手机的目的是快速获得自己想要的信息，比如，用户将手机在电影宣传册旁摇动一下，就能从宣传册的智能芯片中下载该影片的详细资料。

4.应用于数据通信

两台同时装有近场通信芯片的设备之间可以进行点对点数据传递，亦允许多台终端之间的信息交互。

第五节　无线局域网技术

一、无线局域的基本概念

无线局域网（wireless LAN，WLAN）是20世纪90年代计算机网络与无线通信技术相结合的产物。随着信息技术的飞速发展，人们对网络通信的需求不断提高，希望不论在何时、何地、与何人都能够进行包括数据、语音、图像等任何内容的通信，并希望能实现主机在网络中漫游。于是计算机网络由有线向无线、由固定向移动、由单一业务向多媒体发展，推动了无线局域网的发展。无线局域网是利用射频（Ratio Frequency，RF））无线信道或红外信道取代有线传输介质所构成的局域网络。WLAN的数据传输速率现在已经能够达到11 Mbit/s（IEEE 802.11b），最高速率可达54 Mbit/s（IEEE 802.11a），视不同情况传输距离可从10 m~10km，既可满足各类便携机的入网要求，也可作为传统有线LAN的补充手段。

无线局域网多用于以下场合：

（1）无线接入网络信息系统，收发电子邮件、文件传输等。

（2）难于布线的环境，如大楼内部布线以及楼宇之间的通信。

（3）频繁变化的环境，如医院、餐饮店、零售店等。

（4）专门工程或高峰时间所需临时局域网，如会议中心、展览馆、休闲娱乐中心等。

（5）流动工作者需随时获得信息的区域。

与有线LAN相比，无线LAN具有以下主要优点：

（1）由于无线LAN不需要布线，因此可以自由地放置终端，有效合理地利用办公室的空间。

（2）无线LAN可作为有线LAN的无线延伸，也可用于有线LAN的无线互连。

（3）便于笔记本式计算机的接入。人们可以用携带方便的笔记本式计算机自由访问无线LAN，传送有关数据。

（4）不受场地限制，能迅速建立局域网。例如，大型展示会、灾后网络恢复等需要短时间内建立一些临时局域网。

（5）通过支持移动IP，实现移动计算机网络。

二、无线局域网的技术要点

无线局域网主要有以下5个技术要点：

（一）可靠性

有线局域网的误码率达10^{-9}。无线信道特性差，应保证无线局域网的误码率尽可能低，否则大量检错重发的分组会使网络的实际吞吐量大大下降。实验数据表明，如系统分组丢失率$\leq 10^{-5}$，或误码率$\leq 10^{-8}$，可以保证较满意的网络性能。

（二）兼容性

室内应用的局域网，应尽可能与现有的有线局域网兼容，现有的网络操作系统和网络软件应能在无线局域网上不加修改地正常运行。

（三）数据传输速率

为了满足局域网的业务环境，无线局域网至少应具备1 Mbit/s的数据传输速率。

（四）通信安全

无线局域网可在不同层次采取措施来保证通信的安全性。具体为：

（1）扩频、跳频无线传输技术本身使盗听者难以捕捉到有用的数据。

（2）为防止不同局域网间干扰与数据泄露，需采取网络隔离或设置网络认证措施。

（3）设置严密的用户口令及认证措施，防止非法用户入侵。

（4）设置用户可选的数据加密方案，数据包中的数据在发送到局域网之前要用软件或硬件的方法进行加密，只有拥有正确密钥的站点才可以读取这些数据，而即使信号被盗，盗窃者也难以理解其中的内容。

（五）移动性

无线局域网中的网站分为全移动站与半移动站。全移动站指在网络覆盖范围内该站可在移动状态下保持与网络的通信，例如，蜂窝电话网的移动站（手机）就是全移动站。半移动站指在网络覆盖范围内网中的站可自由移动，但仅在静止状态下才能与网络通信。

三、无线局域网的组成

无线局域网的基本构件有无线网卡和无线网桥。

（一）无线网卡

无线网卡的作用类似于以太网卡，作为无线网络的接口，实现计算机与无线网络的连接。根据接口类型的不同，无线网卡分为3种类型，即PCMCIA无线网卡、PCI无线网卡和USB无线网卡。PCMCIA无线网卡仅适用于笔记本式计算机，支持热插拔，可以非常方便地实现移动式无线接入。PCI无线网卡适用于普通的台式计算机。USB无线网卡适用于笔记本式计算机和台式机，支持热插拔。

（二）无线网桥

无线网桥也称无线网关、无线接入点或无线AP（Access Point），可以起到以太网中的集线器的作用。无线AP有一个以太网接口，用于实现无线与有线的连接。任何一个装有无线网卡的计算机均可通过AP访问有线局域网络甚至广域网络资源。AP还具有网管功能，可对接有无线网卡的计算机进行控制。

IEEE 802.11标准规定无线局域网的最小构件是基本服务集（Basic Service Set，BSS），一个BSS包括一个AP和若干个移动站。一个AP能够在几十至上百米的范围内连接多个无线用户，AP通过标准接口，经由集线器（Hub）、路由器（Router）与因特网（Internet）相连。

当网络中增加一个无线AP之后，即可成倍地扩展网络覆盖半径。另外，也可使网络中容纳更多的网络设备。通常情况下，一个AP最多可以支持多达80台计算机的接入，推荐的数量为30台。

一个扩展服务集（Extension Service Set，ESS）包括两个或更多的基本服务集，而这些基本服务集通过分配系统连接在一起。扩展服务集是一个在LLC子层上的逻辑局域网。

IEEE 802.11标准还定义了3种类型的站。一种是仅在一个BSS内移动，另一种是在不同的BSS之间移动但仍在一个ESS之内移动，还有一种是在不同的ESS之间移动。

四、无线局域网的拓扑结构

（一）无中心拓扑（对等式拓扑）

无中心拓扑要求网中任意两点均可直接通信，只要给每台计算机安装一块无线网卡，即可相互通信。无中心拓扑最多可连接256台计算机。采用这种结构的网络使用公用广播信道。而信道接入控制（MAC）协议多采用CSMA类型的多址接入协议。无中心拓扑无须中心站转接。这种方式的区域较小，但结构简单，使用方便。

无中心拓扑是一种点对点方案，网络中的计算机只能一对一互相传递信息，而不能同时进行多点访问。要实现与有线局域网的互联，必须借助接入点（AP）。

（二）单接入点方式

AP相当于有线网络中的集线器。无线接入点可以连接周边的无线网络终端，形成星形网络结构。接入点负责频段管理及漫游等工作，同时AP通过以太网接口可以与有线网络相连，使整个无线网的终端能访问有线网络的资源，并可通过路由器访问互联网。

（三）多接入点方式

多接入点方式又称为基本服务区（BSA）。当网络规模较大，超过了单个接入点的覆盖半径时，可以采用多个接入点分别与有线网络相连的方式，形成以有线网络为主干的多接入点的无线网络，所有无线终端可以通过就近的接入点接入网络，访问整个网络的资源，从而突破无线网覆盖半径的限制。

（四）多蜂窝漫游工作方式

在较大范围部署无线网络时，可以配置多个接入点，组成微蜂窝系统。微蜂窝系统允许一个用户在不同的接入点覆盖区域内任意漫游。随着位置的变换，信号会由一个接入点自动切换到另外一个接入点。整个漫游过程对用户是透明的，虽然提供连接服务的接入点发生了切换，但用户的服务却不会被中断。

一般来说，IEEE 802.11b允许无线局域网使用任何现有有线网络上运行的应用程序或网络服务。

五、无线局域网的体系结构

（一）IEEE 802.11无线LAN标准

1990年11月成立的IEEE 802.11委员会负责制定WLAN标准，于1997年6月制定出全球第一个WLAN标准IEEE 802.11。IEEE 802.11规范了OSI的物理层和介质访问控制（MAC）层。物理层确定了数据传输的信号特征和调制方法，定义了3种不同的传输方式：红外线、直接序列扩频（DSSS）和跳频扩频（FHSS）。MAC层利用CSMA/CA的方式共享无线介质。

1999年8月，IEEE 802.11标准得到了进一步的完善和修订，还增加了两项高速的标准版本：IEEE 802.11b和IEEE 802.11a，它们的主要差别在于MAC子层和物理层。

1.IEEE 802.11b

IEEE 802.11b规定物理层采用DSSS和补偿编码键控（CCK）调制方式，工作在2.4~2.4835GHz频段，每5MH：一个载频，共14个频点，由于信道带宽是22MHz，故实际同时使用的频点只有3个。IEEE 802.11b的速率最高可达11 Mbit/s，根据实际情况可选用5.5 Mbit/s、2 Mbit/s和1 Mbit/s，实际的工作速率在5 Mbit/s左右。IEEE 802.11b使用的是开放的2.4CHz频段，不需要申请就可使用，既可作为对有线网络的补充，也可独立组网，实现真正意义上的移动应用。

IEEE 802.11b无线局域网引进了冲突避免技术，从而避免了网络冲突的发生，可以大幅度提高网络效率。CSMA/CA为了增强业务的可靠性，采用了MAC层确认机制，对帧丢失予以检测并重新发送。此外，为了进一步减少碰撞，收发节点在数据传输前可交换简短的控制帧，以完成信道占用时间确定等功能。

IEEE 802.11b的优点：

（1）速度：IEEE 802.11b工作在2.4 GHz频段，采用直接序列扩频方式，提供的最高数据传输速率为11 Mbit/s，且不要求直线视距传播。

（2）动态速率转换：当信道特性变差时，可降低数据传输速率为5.5 Mbit/s、2 Mbit/s和1 Mbit/s。

（3）覆盖范围大：IEEE 802.11b室外覆盖范围为300 m，室内最大为100 m。

（4）可靠性：与以太网类似的连接协议和数据包确认提供可靠的数据传送和网络带宽的有效使用。

（5）电源管理：IEEE 802.11b网卡可转到休眠模式，AP将信息缓存，延长了笔记本式计算机的电池寿命。

（6）支持漫游：当用户在覆盖区移动时，在AP之间可实现无缝连接。

（7）加载平衡：若当前的AP流量较拥挤，或信号质量降低时，IEEE 802.11b可更改连接的AP，以提高性能。

（8）可伸缩性：在有效使用范围中，最多可同时设置3个AP，支持上百个用户。

（9）同时支持语音和数据业务。

（10）安全性：采用前面所讲安全措施，可以保障信息安全。

现在大多数厂商生产的WLAN产品都基于IEEE 802.11b标准。

2.IEEE 802.11a

IEEE 802.11a扩充了标准的物理层，工作在5.15~5.25 GHz、5.25~5.35 GHz和5.728~5. 825GHz 3个可选频段，采用QFSK调制方式，物理层可传送6~54Mbit/s的速率。IEEE 802.11a采用正交频分复用（OFDM）扩频技术，可提供25 Mbit/s的无线ATM接口和10 Mbit/s的以太网无线帧结构接口，支持语音、数据、图像业务。IEEE 802.11a满足室内、室外的各种应用。

3.IEEE 802.11g

2001年，IEEE 802.11委员会又推出了候选标准IEEE 802.11g，它采用OFDM技术。IEEE 802.11g既能适应IEEE 802.11b标准，在2.4GHz提供11 Mbit/s的数据传输速率，又同IEEE 802.11b兼容，也符合IEEE 802.11a标准在5GHz支持54 Mbit/s的传输速率。

IEEE 802.11g的优势在于既可以保护IEEE 802.11b的投资，又能提供更高的速率。

4.酝酿中的IEEE 802.11新标准

IEEE除了制定上述的3个主要无线局域网协议之外，还在不断完善这些协议，推出或即将推出一些新协议。它们主要有：

（1）EEE 802.11d。它是IEEE 802.11b使用其他频率的版本，以适应一些不能使用2.4GHz频段的国家。

（2）IEEE 802.11e。它的特点是在IEEE 802.11中增加了QoS（服务质量）能力。它采用TDMA方式取代类似Ethernet的MAC层，为重要的数据增加额外的纠错功能。

（3）IEEE 802.11f，它的目的是改善IEEE 802.11协议的切换机制，使用户能够在不同的无线信道或者在接入设备间漫游。

（4）IEEE 802.11h。它能比IEEE 802.11a更好地控制发送功率和选择无线信道，与IEEE 802.11e一起可以适应欧洲更严格的标准。

（5）IEEE 802.11i。它的目的是提高IEEE 802.11的安全性。

（6）IEEE 802.11j。它的作用是使IEEE 802.11a和HiperLAN 2网络能够互连。

（二）分层

IEEE 802标准遵循ISO/OSI参考模型的原则，确定最低两层——物理层和数据链路层的功能，以及与网络层的接口服务、网络互连有关的高层功能。要注意的是，按OSI的观点，有关传输介质的规格和网络拓扑结构的说明应比物理层还低，但对局域网来说这两者至关重要，因而IEEE 802模型中包含了对两者详细的规定。

IEEE 802参考模型只用到OSI参考模型的最低两层：物理层和数据链路层。数据链路层分为两个子层，即介质访问控制（MAC）和逻辑链路控制（LLC）。物理介质、介质访问控制方法等对网络层的影响在MAC子层已完全隐蔽起来了。数据链路层与介质访问无关的部分都集中在LLC子层。

第六章

计算机网络技术

计算机技术应用从最早的单台计算机发展到多台计算机互连形成一个区域性网络，在这个区域内的所有计算机可以共享其他设备的软、硬件资源，这样，就形成计算机网络。计算机网络是计算机技术和通信技术紧密结合的产物，它涉及通信与计算机两个领域。本章内容主要介绍计算机网络概述、计算机网络组成、传输层协议和路由协议。

第一节　计算机网络概述

一、计算机网络的演变发展

应用的需要是推动技术发展的巨大动力。随着计算机技术的不断发展，人们对计算机的应用不断提出新的需求，计算机网络技术在计算机技术和通信技术不断发展的基础上诞生并得到了迅速发展。

（一）具有通信功能的单机系统

从1946年世界上第一台数字电子计算机诞生后的近十年里，计算机主要以单机方式独立工作，由于当时计算机价格比较昂贵，很少有人拥有计算机，但许多人包括远距离用户希望能使用计算机，这样就产生了具有通信功能的单机系统。它的工作原理是在计算机内部增加通信功能，使处于远地的输入输出设备（终端）通过通信线路与计算机相连，所有信息的处理由计算机完成，远地终端只负责向计算机输入数据和输出计算机处理后的结果数据，可能有多个远地终端连接到一台计算机上。它并不是具有同等地位的计算机之间的连接。

（二）具有通信功能的多机系统

具有通信功能的单机系统具有两个明显的缺点，一是计算机的负担过重，因为它既要完成数据处理任务，又要承担通信任务，使宝贵的计算机处理能力下降；二是通信线路利用率较低，特别是终端远离主机，而通信量又较小时，线路成本比较高，而闲置时间长。

为克服这两个缺点，在计算机前端增加一个通信控制处理机，它负责计算机与终端之间的通信控制，减轻了计算机的负担，使计算机可以集中更多的时间进行数据处理。另外在终端聚集处设置一台集中器，远地终端用成本较低的低速线路连接到集中器，在集中器和计算机之间通过高速线路连接，集中器对各终端送来的信息进行汇总排队，然后依次送交计算机。这样改进后的终端—低速线路—集中器—高速线路—通信处理机—计算机结构的系统称之为具有通信功能的多机系统。但它也不是具有同等地位的计算机之间的连接。

（三）计算机—计算机网络

实现地位相等的计算机和计算机之间连接的计算机网络是在20世纪60年代中后期发展起来的，它是由多台计算机通过通信线路互连而成的网络系统。早期联网的主要目的是通信，以便能实现异地计算机上用户的信息交换。1969年，美国国防部研制的仅由4台计算机组成的ARPANet是最早的计算机通信网，它的目的是将美国几台军事及研究用的计算机连接起来，形成一个新的军事指挥系统，人们往往将其作为网络发展的里程碑。随着网络的发展和应用的需要，计算机之间的资源共享日益成为计算机联网的主要目的，它使异地用户可以使用网络上其他计算机的硬件和软件资源。为达到这样的目的，仅有可靠的计算机和通信系统就不够了，它还要求整个网络遵守一定的规则和约定，这就产生了人为定义的通信协议和完成协议的控制软件；还需要对整个网络的各种硬件和软件资源进行有效的管理和使用，由此产生了网络操作系统。这样在网络操作系统的管理下，在协议软件的支持下，整个网络就可以协调地工作，形成对用户透明的巨大的计算机资源网络。这种网络有两种基本结构形式：一是计算机之间通过通信线路直接相连，由计算机同时担任数据处理和通信控制工作；二是通过通信处理机间接地将计算机连接起来，由通信处理机负责完成通信控制，计算机只负责数据处理。到1975年，ARPANet已经成为具有100多台计算机的完善的可以实现资源共享的网络，为计算机网络的发展奠定了技术基础。

（四）局域网的兴起和网络互连的发展

因为网络产生的最初动因是远距离通信，所以由此而发展网络的技术可以称之为远程网技术。自20世纪70年代后期，随着微型计算机的诞生和普及，近距离联网、办公室联网以便实现资源共享和信息交换又作为一种需求出现了，局域

网技术得到迅速发展。局域网是指某一个组织在有限的范围内使用的网络，在网络内用户能够共享信息和资源。局域网的使用对象要求它应该具有简单、经济、功能强而且灵活等特点。20世纪80年代，局域网在全球范围内兴起并迅速普及，局域网技术日臻成熟。

局域网的普及使得网络之间的连接和资源共享又成为一种必然需求，这促使了网络互连技术的发展。一个由若干个网络互连起来形成的系统称为网间网，在ARPANet基础上发展起来的全球互联网络即互联网就是网间网的一个最成功范例。

二、计算机网络的分类

按照不同的分类方法对计算机网络分类可以得到不同的分类结果。例如，按信息交换方式分可分为电路交换网、分组交换网和综合交换网；按网络拓扑结构可分为局域网、环型网、总线型网等；按通信介质分为双绞线网、同轴电缆网、光纤网、卫星网等；按传输带宽可分为基带网和宽带网等。在本书中仅介绍按网络连接距离和范围的分类方法和结果，这也是最常用的一种分类方法。根据这种分类方法，我们将网络分为局域网、广域网和互联网网。

（一）局域网，简称LAN（Local Area NetWorks）

局域网的地理分布范围有限，一般在1~2 km以内，例如一个房间、一幢大楼、一个街区或一个校园等。局域网大多结构简单，采用环型、星型或总线型结构，一般具有比较高的数据传输速率，可靠性较好，误码率一般在$10^{-7} \sim 10^{-12}$：。通常网络属于某一组织拥有和管理。一般的办公室网络、企业网、校园网都属于局域网。

另外，距离稍大一些可以覆盖到一个城市的公有或私有网络一般被称为城域网，即MAN（Metropolitan Area NetWorks），它一般采用光纤连接，能提供数字、语音和图像信息传输。它可以被看作局域网的扩展，因为它的主要技术和局域网技术是相同的，例如上海信息港工程网络就属于城域网。

近年来，随着便携式计算机的光泛应用，流动用户的入网需求对计算机联网又提出了新课题。一种方式是用户可以使用电话线入网，但入网用户是作为用户登录到某个局域网的服务器上。另一种方式的应用产生了无线网络（Wireless NetWorks）的概念，它利用现代数字无线通信系统，采用局域网技术，用户只要在自己的计算机里安装相应的收发适配器就能与网络建立连接。

（二）广域网，简称WAN（Wide Area NetWorks）

广域网的联网设备的地理分布范围广，从几公里到数千公里，可以覆盖到省、国家乃至世界范围。它通常采用公共的通信线路和通信设备将分布在各地的许多局域网连接起来，早期的网络主要采用电报电话网络，传输速率低，误码率高。随着光纤技术的普遍应用，信息高速公路的建设，广域网正逐步实现高速通信，误码率也降低至$10^{-6} \sim 10^{-7}$。例如，中国教育科研网就是一个覆盖全国、连接了全国大部分学校和科研院所的广域网。

（三）Internet网

局域网的快速发展使许多组织或团体都有了自己的网络，但人们希望能访问自己网络以外的网络，而不同的网络由于网络结构、协议等互不相同，彼此不能兼容，这推动了网络互连技术的发展。网间网最通常的实现方式是通过广域网将许多局域网连接起来。互联网是网间网的一个成功范例，它特指由ARPANet发展起来基于TCP／IP协议的在全世界范围内被迅速扩大、备受关注的一个超大网络。互联网应用在短短的几年内迅速在全世界范围内形成热潮，互联网上丰富的信息几乎覆盖到你可以想象的任何领域，它使网络应用进入前所未有的激动人心的时代。

三、计算机网络的基本功能

计算机网络是随着人们对计算机应用新需求的不断出现，在计算机和通信技术的发展基础上发展起来的，所以它的功能和应用在不断地被挖掘和实现。一般地讲，目前有以下几种功能和应用。

（一）信息传输

这是网络最基本也是最早的应用。网络使计算机之间的信息交换成为可能。随着网络的发展，信息传输又比最初的仅仅是数据的传送和接收得到很大扩展，目前在公司和企业内部的计算机集成管理系统，在社会范围内的信息发布和电子商务等各种网络活动，个人用户可以方便快捷地存取远地信息、使用E-mail通信。基于多媒体技术的在线交互不断开辟计算机网络在信息传输应用上的新领域。

（二）资源共享

这是计算机网络最主要的也是最有吸引力的功能。资源包括网络上的各种

硬件、软件和数据。具体来讲，硬件可以是处理机、各种外存储器、各种外部设备等；软件包括系统软件和各种应用程序以及数据文件、数据库等。用户可以根据所具有的权限透明地使用网络上其他计算机上的资源，就如同使用自己的本机资源一样。通过资源共享，可使网络中各计算机互通有无，分工合作，从而大大节约了成本，又增加了系统资源的利用率，有些专用的特殊设备和数据可面向全网提供服务，使单机的处理能力得到极大扩展。

（三）提供分布式处理环境

分布式处理是把一个任务分解到多个计算机上完成，由每一台计算机完成一部分工作，从而达到均衡使用网络资源和快速处理的目标。网络为分布式处理提供了环境和基础。目前广泛流行的客户机/服务器模式就是分布式处理的一种应用。

（四）便于集中管理和提高计算机可靠性

计算机网络可以对属于同一组织但分布于不同地理位置的计算机和应用实现集中管理，例如飞机订票系统、军事指挥系统、公司信息管理系统等，这种集中管理使地理范围不再成为对一个组织管理的限制。联网还使全网计算机的可靠性增强，如果一台计算机出了故障，可以使用网络中的另外一台计算机，如果网络中的一条线路不能通信，可以使用另一条线路，这样可以提高全网的可靠性，对于军事、银行等要害部门尤为重要，也是计算机容错处理的基础。

第二节　计算机网络组成

一、计算机网络协议

协议就是在合作双方就如何进行合作而达成的一些约定。例如人们打电话一般都遵循在社会生活中形成的大家默认的约定：先是互相确认和问候对方，然后讨论具体事情，一方发言，一方倾听，而且使用同一种双方都能理解的语言，最后是告别，然后挂断电话。遵循这样的约定，电话交流就可以非常顺利地进行。

在计算机网络世界中，计算机之间要进行互连、信息交换和资源共享，双方要严格遵循一系列约定，才能顺利通信，这就是网络协议。例如，当两台计算机为了能够实现通信，就要事先对如何开始，采用什么样的数据格式和编码，如何结束以及出现差错时如何处理等等各项细节要约定好，否则通信难以实现或不可能实现。一般地讲，网络协议就是通信双方事先约定的通信规则。

二、层次化的网络体系结构

计算机体系结构研究要解决的核心问题是确定管理和实现不同计算机系统之间相互连和通信的结构和方法，明确整个网络系统的逻辑结构和各部分功能分配，给出网络互连和通信的规则集合。现在它被普遍用来描述网络系统的组织、构造和功能。

一个网络系统由许多不同的计算机系统组成，而且需要网络设备、通信介质等，一个计算机系统又由许多硬件和软件组成。对于网络这样一个复杂的系统，无论从实现和分析上来讲，要讲清楚每一部分都非常困难。为了便于分析和实现，通常采用分层方法，将整个网络系统由低级到高级分成若干层次，形成层次结构，每一层完成一定的功能，对上一层提供一定的服务，上一层不需关心下一层的服务如何实现，在通信的两台计算机之间的相同层次遵循相同的协议。

下面举个简单的例子来说明层次结构的工作原理：有两个哲学家，一个在中国北京，只懂汉语，另一个在德国柏林，只会德语，他们要通过传真交流信息，因此各自聘请了一个英语翻译。他们的一次信息传递过程可以分为四个层次：

第一层（也是最高层）是哲学层，两位哲学家在哲学领域内都有很深的造诣，因此他们在自己所讨论的哲学问题的层次上彼此能互相理解，可以交流，哲学是他们交流的约定，至于语言方面以及对于传真和通信等他们不必关心。德国哲学家写了一句话"Jaime les lapine"，然后交给翻译，这样信息到了第二层我们就叫它语言层。

第二层是语言层，两位翻译都精通英语和自己的母语，能够完成翻译并使用英语交流。因此德国翻译将信息翻译为英语后，又在信息前面加上给中国翻译

看的一些说明信息，然后将信息交给德国秘书，信息到了第三层发送接收层。

第三层是发送接收层，按照传真的一般格式和约定收发传真。德国秘书在信息前面又加入一些给对方秘书的说明信息，然后将信息放入传真机发送，信息到了第四层传输线路层。

第四层是传输线路层，按照传输线路的约定传输信息。

信息被传到中国北京，中方秘书收到传真，信息又到了第三层。看懂德方秘书关于传真的说明后将这部分说明去掉，然后将信息交给中方翻译，信息到了第二层。中方翻译在读懂德方翻译所加的一些说明信息后去掉这部分说明，并将信息翻译为中文"我喜欢小白兔"，然后交给中国哲学家，信息又到了第一层。中国哲学家理解了德国哲学家这句话的含义，会心一笑，再回敬一句，信息按与刚才正好相反的过程传递到德国哲学家。

在这样的层次结构中，各层各负其责，对上一层提供服务，不必关心本层以外的事情，并只与相临层之间有接口关系，同层之间互相理解并按相同的约定工作。

在计算机网络体系结构中就采用类似的层次结构进行描述和实现。通信的两个系统应该具有相同的层次结构，而且相对应的层（把双方的同一层合起来称为对等层）必须执行相同的通信协议，通信是在对等层上实现的。采用层次结构有下面一些好处：

（1）每一层实现相对于其他层独立的功能，可以将复杂的问题和系统分解为较小的容易处理和实现的问题。

（2）一层的变更不会影响到其他层的功能，便于扩充和改进。

（3）各层可以采用最合适的技术，灵活性较好。

（4）不断促进标准化工作，使网络世界更趋一致、和谐。

三、开放系统互连参考模型（OSI）

开放系统互连参考模型是国际标准化组织（ISO）在1984年公布的一个作为未来网络协议指南的模型。这个模型在网络界产生了广泛的影响。虽然协议的所有内容并没有完全严格在现实中应用，但各个网络相关厂家和研究机构都逐渐向它靠拢。在OSI模型中，所强调的"开放"指的是任何遵守开放系统互连参考模型和有关协议标准的计算机系统均能实现互联。一个系统在与其他系统互联时遵守了OSI标准，则可称其为开放系统；OSI中的"系统"是指一个能够执行信息处理或信息传送的自治的整体，是组成这个整体的计算机、外部设备、传输设备、终端、有关软件以及操作人员的集合。

OSI将整个网络的通信分为由低到高的七个层次，规定了每层的功能以及不同层如何协作完成网络通信。以这个理论模型为基础，ISO等机构联合制定了一系列协议标准，规定了各层协议以及对上一层所提供的服务。

下面简单介绍一下各层的主要功能：

（一）物理层

物理层是OSI模型中最低的一层，它解决如何通过网络传输介质传送基本的二进制位（Bit）信息，是一组涉及用于传输数据的网络硬件设备的规则。物理层负责保证数据从源设备发送，在目标设备以同样方式进行读取。物理层标准中包括：机械方面要考虑插件的大小、引脚数目和排列等；功能方面要考虑每一根引脚的作用和操作要求等；电气方面要考虑信号的有关参数，例如，分别用多强的电信号代表"1"和"0"，一个位信号传送占用的时间等；过程方面要考虑到信号流传送的整个过程等等。

（二）数据链路层

该层的主要任务是保证通过物理介质在两个节点间无差错地传输数据。物理层面对的是位信息，数据链路层处理的单位是由连续的成百上千位组成的帧（Data Frame）。数据链路层从网络层接收数据，将数据分解成帧，为了使在传输中能及时发现和弥补错误，它给这段信息加上校验信息，使同层接收方可以利用校验信息判断数据是否正确传送。另外，它还在这段信息的开始和结束处加上表示一段信息开始和结束的标志，形成完整的帧格式，对方也是以帧为单位接收数据。发送方将帧按顺序交给物理层传输，并等待从接收方同等层发回的确认是否已经正确收到数据帧的信息。若对方已正确收到，该帧将在发送方被抛弃，否则重新发送。

（三）网络层

网络层负责将信息从一台网络设备传送到另一台网络设备。这一层涉及数据交换、路由和网络寻址。如果目标设备处于另一个网络中，网络层将决定数据通过何种途径到达目的地。网络层将从传输层送来的信息分成若干段，在每段信

息前加上网络层所必需的控制信息，组成信息包。网络层将信息包向下传给数据链路层，再以帧方式在链路上传送。网络层还要根据各个节点上事先确定的算法决定数据包通过的网络最佳路径。另外，如果网络中同时存在很多数据包，它们会互相争抢通路而形成阻塞，网络层还要采用一定的控制策略减少和避免这样的现象出现。

（四）传输层

传输层的主要功能是提供对数据传输服务质量的控制。由于网络层在进行数据传送服务时，可能出现包丢失、包错序、网络故障等情况，这样就无法保证提供可靠的服务。设立传输层用来克服网络层不能解决的问题，改善和优化服务，以保证可靠、低费用的数据交换。并且它将网络层的技术细节屏蔽使得传输技术对用户透明，使传输层及其以上各层在通信时不用再关心数据传输问题。它还要负责管理跨网连接的建立和拆除，以及防止高速主机向低速主机过快地传送数据。用户可以方便地使用标准的传输层命令来使用传输服务。

传输层所处理的数据单元，称为传输层协议数据单元（TPDU）。当用户发送的数据单元过长时，传输层协议将TPDU进行分段传送，在接收方进行组装。对应地，也可将多个短的用户数据拼装成一个TPDU，而在接收方分解，以减少调用网络层的次数。

（五）会话层

会话层提供面向应用的连接服务。在OSI模型的下四层中，只涉及数据信息，不能识别网络上的特定用户，而会话层的目的就是为了有效地组织和同步进行合作的会话服务之间的对话，并对用户之间的信息交换进行管理。所谓一次会话，就是两个用户之间为了完成一次完整的通信而建立的连接。会话层可以控制某一时刻信息是双向传送或单向传送，由哪一方发送信息，发送时间及传输频率等；它还要控制数据传输到了何处，何时释放会话连接又不丢失数据等等。

（六）表示层

表示层以下的各层关心的都是如何可靠地传输数据，并不关心数据本身的意义，而表示层则关心数据的语法和语义。表示层的目标是处理被传输数据的表示问题，它涉及网络安全性、文件传输和数据格式化功能。

由于不同厂家的计算机产品常使用不同的信息编码方法，例如，美国标准信息转换码（ASCII）是一种被计算机广泛使用的编码约定，但许多大型IBM计算机采用的是扩展：进制编码（EBCDIC），还有的计算机采用其他形式的编码。这些编码在字符编码和数值表示等方面存在许多差异，为了让他们能够互相通信，需要在保持数据含义的前提下，采用网络的标准编码方式，进行信息表示格式的转换，这种转换由表示层完成。另外，表示层还要对要求安全保密的用户数据进行加密、解密以及进行文件压缩等。

（七）应用层

应用层是OSI模型中的最高层，它直接将网络服务提供给终端用户，是用户访问OSI环境的手段。它不包括主机中的Word、Excel等一些应用软件，但包括了一些与网络服务有关的公共应用服务软件，例如，数据库管理程序、电子邮件、文件服务器、打印服务器以及网络操作系统的命令等。这一层的服务因用户而异，所以标准化的难度很大。

四、TCP\IP体系结构

国际标准化组织制定的OSI模型作为理论意义上的模型，对网络产品的规范化和网络技术的发展已经并将继续发挥它的指导作用。但在实际应用中，并不存在完全符合OSI七层定义的协议，比较符合的典型协议是CCITT（国际电报电话咨询委员会，现已不存在，其功能由电信标准部门TSS所代替）定义的X.25公用数据网标准，也仅描述了下3层，其他协议一般只是部分实现了某层协议的内容。在网络连接的研究和实践中产生的许多流行的协议都有自己的结构，例如由Novell公司制定的，最早用于NetWare网络操作系统的IPX/SPX协议集，由Apple公司制定的用于他们自己的Macintoshi系列计算机联网的AppleTalk协议集等。

TCP/IP（Transmission Control Protocol/Internet Protoc01）协议集最初是在美国国防部高级计划署（Advanced Research Project Agency，简称ARPA）实施的网络实验项目ARPANET中设计和应用的，经过多年的演变和发展，它已经成为在世界范围内兴起的互联网网络的主要协议，成了事实上网络互连的工业标准。

TCP/IP模型由4层组成，每层在实现上都对应了一系列协议，其中TCP协议定义在传输层上，实现传输控制服务，IP协议定义在网络层上，实现网络之间的连接控制，这是两个最核心的协议，所以协议集命名为TCP/IP。下面介绍TCP/IP模型各层次的基本功能和协议，使大家对TCP/IP协议集有一个总体的认识。

（一）应用层

该层向用户提供一组常用的网络应用程序，例如文件传输访问、电子邮件、远程登录等，用户也可以在网络层使用TCP/IP协议开发自己的专用应用程序。该层的主要协议有：

1.文件传输协议（FTP）

它用于控制两个主机之间的文件交换，它允许用户从远端登录到网络中的其他计算机上，并浏览、下载文件。FTP独立于操作系统，几乎可以在所有的操作系统上运行。

2.简单邮件协议（SMTP）

它负责保证以文本的方式传送邮件。

3.电信网Telnet

它的目的是提供一种广泛的通信功能。它允许用户远程登录到另一台计算机上并运行该机上的应用程序，这时用户的计算机上不进行任何处理，仅起一个输入输出终端的作用。

4.域名系统（DNS）

它是一个名字服务协议，它提供将用户容易理解记忆的名称和IP地址之间的转换，以方便用户使用。例如：东华大学主机域名地址：www.dhu.edu.cn，相应的IP地址为202.120.144.100。

5.简单网络管理协议（SNMP）

简单网络管理协议是实现网络管理。

（二）传输层

该层提供在应用程序之间的通信，包括格式化数据和提供可靠传输。该层主要协议有：

1.传输控制协议（TCP）

它支持打开并维护网络上两个通信主机之间的连接，保证可靠的数据传送并自动纠正各种差错。它对下层协议要求很低，对高层协议的数据结构没有任何要求，因而可在很多种网络上使用。

2.用户数据报协议（UDP）

它是一种和TCP协议功能相似的协议，可以代替TCP和IP协议与其他协议共同使用，它采用无连接方式传输数据报。

（三）网间网层

该层负责在网络中计算机之间的通信，包括处理传输层来的数据发送请求，寻找路径、流量和拥塞控制等。该层的主要协议有：

（1）网间网协议（IP）：它的任务是对数据包进行相应的寻址和路由，使之通过网络。

（2）网际消息控制协议（ICMP）：它为IP协议提供数据传送中的差错报告。

（3）地址映射协议（ARP和RARP）：它们负责完成IP地址和网卡地址之间的映射。

第三节　传输层协议

TCP/IP传输层有两个并列协议：TCP和UDP。其中，TCP是面向连接的，而UDP是无连接的。一般情况下，TCP和UDP共存于一个互联网中，前者提供高可靠性服务，后者提供高效率服务。高可靠性的TCP用于一次传输大量数据的情形（如文件传输、远程登录等）；高效率的UDP用于一次传输少量数据的情形，其可靠性由应用提供。

一、传输层端口

传输层与网络层在功能上的最大区别是前者提供进程通信能力，后者不提供。在进程通信的意义上，网络通信的最终地址就不仅仅是主机地址了，还包括可以描述的某种标识符。为此，TCP/IP提出协议端口的概念，用于标识通信的进程。为了区分不同的端口，用端口号对每个端口进行标识。

端口分为两部分，一部分是保留端口，另一部分是自由端口。其中保留端口只占很小的数目，以全局方式进行分配，即由一个公认的机构统一进行分配，并将结果公之于众。自由端口占全端口的绝大部分，以本地方式进行分配。TCP

和UDP均规定，小于256的端口号才能作为保留端口使用。

二、用户数据报协议

UDP建立在IP之上，同IP一起提供无连接的数据包传输。相对于IP协议，它唯一增加的能力是提供协议端口，以保证进程间的通信。

UDP由两大部分组成：报头和数据区。其中报头又由UDP源端口号、UDP目的端口号、UDP报文长度和UDP检验和四部分组成，它们的作用如下所述：

1.UDP源端口号

UDP源端口号指示发送方的UDP端口号，当不需要返回数据时，可将这个字段的值置0。

2.UDP目的端口号

UDP源端口号指示接收方的UDP端口号。UDP将根据该字段的内容将报文送给指定的应用进程。

3.UDP报文长度

UDP报文长度指示数据报总长度，包括报头和数据区总长度。其最小值为8，即UDP报头部分的长度。

4.UDP检验和

该字段为可选项，为0表示未选检验和，而为1表示检验和为0。检验和的可选性是UDP效率的又一体现，因为计算检验和是一个非常耗时的工作，如果应用程序对效率的要求非常高，则可不选此项。

当IP模块收到一个IP分组时，它就将其中的UDP数据报递交给UDP模块。UDP模块在收到由IP层传来的UDP数据报后，首先检验UDP检验和。如果检验和为0，表示发送方没有计算检验和。如果检验和非0，并且检验和不正确，则UDP将丢弃该数据报。如果检验和非0，并且检验和正确，则UDP根据数据报的目的端口号，将其送给指定应用程序等待队列。

三、传输控制协议

TCP是传输层的另一个重要协议，它用于在各种网络上提供有序可靠的面向连接的数据传输服务。与UDP相比，TCP最大特点是以牺牲效率为代价换取高可靠性的服务。为了达到这种高可靠性，TCP必须检测分组的丢失，在收不到确认信息时进行自动重传、流量控制、拥塞控制等。

（一）TCP分组格式

TCP由两大部分组成：分组头和数据区。其中分组头具体又由下述几部分组成：

（1）源端口：标识源端应用进程。

（2）目的端口：标识目的端应用进程。

（3）序号：在SYN标志未置位时，该字段指示了用户数据区中第一个字节的序号；在SYN标志置位时，该字段指示的是初始发送的序列号。

（4）确认号：用来确认本端TCP实体已经接收到的数据，其值表示期待对端发送的下一个字节的序号，实际上告诉对方，在这个序号减1以前的字节已正确接收。

（5）数据偏移：表示以32 bit字为单位的TCP分组头的总长度，用于确定用户数据区的起始位置。

（6）URG：紧急指针字段有效。

（7）ACK：确认有效。

（8）PSH：Push操作。TCP分组长度不定，为提高传输效率，往往要收集到足够的数据后才发送。这种方式不适合实时性要求很高的应用，因此，TCP提供Push操作，以强迫传输当前的数据，不必等待缓冲区满才传送。

（9）RST：连接复位，重新连接。

（10）SYN：同步序号，该比特置位表示连接建立分组。

（11）FIN：字符串发送完毕，没有其他数据需要发送，该比特置位表示连接确认分组。

（12）窗口：单位是字节，指明该分组的发送端愿意接收的从确认字段中的值开始的字节数量。

（13）检验和：对TCP分组的头部和数据区进行检验。

（14）紧急指针：指出窗口中紧急数据的位置（从分组序号开始的正向位移，指向紧急数据的最后一个字节），这些紧急数据应优先于其他数据进行传送。

（15）任选项：用于处理一些特殊情况。目前被正式使用的选项字段可用于定义通信过程中的最大分组长度，只能在连接建立时使用。

（16）填充：用于保证任选项为32 bit的整数倍。

（二）TCP连接管理

TCP是面向连接的协议。传输连接是用来传送TCP报文的。TCP传输连接的建立和释放是每一次面向连接的通信中必不可少的过程。因此，传输连接就有3个阶段，即连接建立、数据传送和连接释放。传输连接的管理就是使传输连接的建立和释放都能正常地进行。

在TCP连接建立过程中要解决以下3个问题：

（1）要使每一方能够确知对方的存在。

（2）要允许双方协商一些参数（如最大窗口值、是否使用窗口扩大选项和时间戳选项，以及服务质量等）。

（3）能够对传输实体资源（如缓存大小、连接表中的项目等）进行分配。

TCP连接的建立采用客户/服务器方式。主动发起连接建立的应用进程叫作客户，而被动等待连接建立的应用进程叫作服务器。

1.TCP的连接建立

TCP建立连接过程中，客户服务器共有5种工作状态：关闭（CLOSED）、收听（LISTEN）、同步已发送（SYN_SENT）、同步收到（SYN RCVD）、已建立（ESTABLISHED）。

下面结合双方状态的改变，描述TCP的建立连接的过程。假定主机A运行的是TCP客户程序，而B运行TCP服务器程序。最初两端的TCP进程都处于CLOSED（关闭）状态。

B的TCP服务器进程先创建传输控制块（Transmission Control Block，TCB，存储了每一个连接中的一些重要信息，如TCP连接表到发送和接收缓存的指针，到重传队列的指针，当前的发送和接收序号等），准备接受客户进程的连接请求。然后服务器进程就处于LISTEN（收听）状态，等待客户的连接请求。如有，即做出响应。

A的TCP客户进程也是首先创建传输控制模块，然后向B发出连接请求报文段，这时首部中的同步位SYN=1，同时选择一个初始序号$seq=x$。TCP规定，SYN报文段（即SYN=1的报文段）不能携带数据，但要消耗掉一个序号。这时，TCP客户进程进入SYN_SENT（同步已发送）状态。

B收到连接请求报文段后，如同意建立连接，则向A发送确认。在确认报文段中应把SYN位和ACK位都置1，确认号是$ack=x+1$，同时也为自己选择一个初始序号seq=y。请注意，这个报文段也不能携带数据，但同样要消耗一个序号。这时TCP服务器进程进入SYN RCVD（同步收到）状态。

TCP客户进程收到B的确认后，还要向B给出确认。确认报文段的ACK置1，确认号ack=y+1，而自己的序号seq=y+1。TCP的标准规定，ACK报文段可以携带数据。但如果不携带数据则不消耗序号，在这种情况下，下一个数据报文段的序号仍是seq=y+1。这时，TCP连接已经建立，A进入已建立连接（ESTABLISHED）状态。

当B收到A的确认后，也进入ESTABLISHED状态。

上面给出的连接建立过程叫作三次握手（Three-Way Handshake）。

为什么A还要发送一次确认呢？这主要是为了防止已失效的连接请求报文段突然又传送到了B，因而产生错误。

所谓"已失效的连接请求报文段"是这样产生的：

考虑一种正常情况，A发出连接请求，但因连接请求报文丢失而未收到确认，于是A再重传一次连接请求，后来收到了确认，建立了连接。数据传输完毕后，就释放了连接。A共发送了两个连接请求报文段，其中第一个丢失，第二个到达了B。没有"已失效的连接请求报文段"。

现假定出现一种异常情况，即A发出的第一个连接请求报文段并没有丢失，而是在某些网络结点长时间滞留了，以致延误到连接释放以后的某个时间才到达B。本来这是一个早已失效的报文段，但B收到此失效的连接请求报文段后，就误认为是A又发出一次新的连接请求。于是就向A发出确认报文段，同意建立连接。假定不采用三次握手，那么只要B发出确认，新的连接就建立了。

由于现在A并没有发出建立连接的请求，因此不会理睬B的确认，也不会向B发送数据。但B却以为新的传输连接已经建立了，并一直等待A发来数据。B的许多资源就这样白白浪费了。

采用三次握手的办法可以防止上述现象的发生。例如，A不会向B的确认发出确认。B由于收不到确认，就知道A并没有要求建立连接。

2.TCP的连接释放

TCP连接释放过程中，客户/服务器共有7种工作状态：已建立（ESTABIISHED）、终止等待1（FIN_WAIT_1）、关闭等待（CLOSE_WAIT）、终止等待2（FIN_WAIT_2）、时间等待计时器（TIME_WAIT timer）、最后确认

（LAST_ACK）、关闭（CLOSED）。

TCP连接释放过程比较复杂，仍结合双方状态的改变来阐明连接释放的过程。

数据传输结束后，通信的双方都可以释放连接。现在A和B都处于ESTABLISHED状态。A的应用进程先向其TCP发出连接释放报文段，并停止发送数据，主动关闭TCP连接。A把连接释放报文段首部的FIN置1，其序号seq=u，它等于前面已传送过的数据的最后一个字节的序号加1。这时A进入FIN_WAIT_1（终止等待1）状态，等待B的确认。请注意，TCP规定，FIN报文段即使不携带数据，它也消耗掉一个序号。

B收到连接释放报文段后即发出确认，确认号是ack=u+1，而这个报文段自己的序号是seq=v，等于B前面已传送过的数据的最后一个字节的序号加1。然后B就进入CLOSE WAIT（关闭等待）状态。TCP服务器进程这时应通知高层应用进程，因而从A到B这个方向的连接就释放了，这时的TCP连接处于半关闭（Half-Close）状态，即A已经没有数据要发送了，但B若发送数据，A仍要接收。也就是说，从B到A这个方向的连接并未关闭。这个状态可能会持续一些时间。

A收到来自B的确认后，就进入FIN_WAIT_2（终止等待2）状态，等待B发出的连接释放报文段。

若B已经没有要向A发送的数据，其应用进程就通知TCP释放连接。这时B发出的连接释放报文段必须使得FIN=1。现假定B的序号为w（在半关闭状态B可能又发送了一些数据）。B还必须重复上次已发送过的确认号ack=u+1。这时B就进入LAST_ACK（最后确认）状态，等待A的确认。

A在收到B的连接释放报文段后，必须对此发出确认。在确认报文段中把ACK置1，确认号ack=w+1，而自己的序号是seq=u+1（根据TCP标准，前面发送过的FIN报文段要消耗一个序号）。然后进入TIME_WAIT（时间等待）状态。请注意，现在TCP连接还没有释放，必须经过时间等待计时器设置的时间2MSL后，A才进入到CLOSED状态。时间MSL叫作最长报文段寿命，RFC 793建议设为2 min。但这完全是从工程上来考虑，对于现在的网络，MSL设置为2 min可能太长了。因此TCP允许不同的实现可根据具体情况使用更小的MSL值。因此，从A进入到TIME_WAIT状态后，要经过4 min才能进入CLOSED状态，才能开始建立下一个新的连接。当A撤销相应的传输控制块后，就结束了这次的TCP连接。

为什么A在TIME_WAIT状态必须等待2MSL的时间呢？有两个原因。

第一，为了保证A发送的最后一个ACK报文段能够到达B。这个ACK报文段有可能丢失，因而使处在LAST_ACK状态的B收不到对已发送的FIN+ACK报文段的确认。B会超时重传这个FIN+ACK报文段，而A就能在2MSL时间内收到这个重传的FIN+ACK报文段。接着A重传一次确认，重新启动2MSL计时器。最后，A和B都正常进入到CLOSED状态。如果A在TIME_WAIT状态不等待一段时间，而是在发送完ACK报文段后立即释放连接，那么就无法收到B重传的FIN+ACK报文段，因而也不会再发送一次确认报文段。这样，B就无法按照正常步骤进入CLOSED状态。

第二，防止上一节提到的"已失效的连接请求报文段"出现在本连接中。A在发送完最后一个ACK报文段后，再经过时间2MSL，就可以使本连接持续的时间内所产生的所有报文段都从网络中消失，这样就可以使下一个新的连接中不会出现这种旧的连接请求报文段。

B只要收到了A发出的确认，就进入CLOSED状态。同样，B在撤销相应的传输控制块后，就结束了这次的TCP连接。注意到，B结束TCP连接的时间要比A早一些。

上述TCP连接释放过程是四次握手，但也可以看成是两个二次握手。

除时间等待计时器外，TCP还设有一个保活计时器。设想有这样的情况：客户已主动与服务器建立了TCP连接，但后来客户端的主机突然出现故障。显然，服务器以后就不能再收到客户发来的数据。因此，应当有措施使服务器不要再白白等待下去。这时就使用保活计时器。服务器每收到一次客户的数据，就重新设置保活计时器，时间的设置通常是2 h。若2 h没有收到客户的数据，服务器就发送一个探测报文段，以后则每隔75 min发送一次。若连续发送10个探测报文段后仍无客户响应，服务器就认为客户端出了故障，接着关闭这个连接。

第四节　路由协议

一、核心路由器体系结构

早期的互联网路由器大致可分成两类：一类是少量的核心路由器，它们互联网网络控制中心NOC来控制。另一类是大量的非核心路由器，分别由各个群体控制。核心系统内部互相通信，确保了共享信息的一致性。

（一）自治系统

原始的互联网核心体系结构是在互联网仅有一个主干网的那个时期开发的。但是这种体系结构存在以下一些问题：其一，这种体系结构不能适应互联网扩展到任意数量的网点；其二，由于一个核心路由器在每个网点上与一个网络相连，核心路由器就只知道那个网点中的一个网络的情况；其三，一个大型的互联网是独立的组织管理的网络的互联集合，路由选择体系结构必须为每个组织提供独立的控制路由选择和访问网络的方法，因此必须用一个单一的协议机制来构造一个由许多网点构成的互联网，网点又是一个相对独立自治的系统。

从路由选择的作用看，由一个管理机构控制的网络和路由器的集合称一个自治系统。在一个自治系统内的路由器可以自由地选择寻找路由、传播路由、确认路由，以及检测路由一致性。按照这个定义，核心路由器也组成一个自治系统。为了能通过互联网到达隐藏在自治系统中的网络，每个自治系统必须把网络的可达信息传播给其他自治系统。虽然在核心体系结构中可以把路由通知送给任一个自治系统，但每个自治系统有必要将自己的信息传播给某个核心路由器。通常由自治系统中的一个路由器负责路由广播，并直接和一个核心路由器交互信息。

（二）内部网关协议

在一个自治系统内的两个路由器彼此互为内部路由器，使用内部网关协议。为了自动地保存准确的网络可达信息，内部路由器之间要进行通信，即路由器与可到达的另一个路由器要交换网络可达性数据或网络路由选择信息。将整个自治系统的可达信息汇集起来之后，系统中的某个路由器可使用外部网关协议（EGP）将可达信息通知另一个自治系统。

EGP提供为外部路由器通信广泛使用的协议标准，而内部路由器通信却没有一个固定的标准。两个自治系统各自在其内部使用不同的IGP，而外部路由器使用EGP与另一个系统通信。一个路由器可以同时使用两种路由选择协议，一个用于自治系统之间的通信，一个用于自治系统内部的通信。

（三）外部网关协议

两个交换路由选择信息的路由器若分别属于两个自治系统，则称为外部邻站。外部邻站使用的向其他自治系统通知可达信息的协议称外部网关协议（EGP）。使用EGP的路由器称外部路由器。在互联网中EGP特别重要，因为自治系统用它向核心系统通知可达信息。EGP支持邻站获取机制，允许一个路由器请求另。个路由器同意交换可达信息。路由器持续地测试其邻站是否有响应。EGP邻站周期地传送路由更新报文来交换网络可达信息。

（四）边界网关协议

随着互联网的发展，外部网关协议（EGP）的局限性越来越明显，用户迫切要求摆脱EGP所要求的主干—中心树型拓扑结构。为了适应这种需要，互联网工程组IETF边界网关协议工作组制定了边界网关协议（BGP）标准。目前已经有4个版本公布，最新的版本是BGP-4。

BGP和EGP有很多不同，其中最重要的是将"距离矢量"的概念换成"路径矢量"的概念。虽然EGP中应用的距离矢量协议很适合于IP路由所采取的典型的基于"跳数"方法，但不能对路由环路提供足够的保护。在典型的距离矢量协议中，到目的站点的所有与路径相关的信息都集中在度量制式值里，它不能很快发现环路。

BGP处理的是自治系统之间的路径。描述这些路径的属性很多，其中最重要的两个属性是"所经过的自治系统列表"和"可达网络列表"。当有几条路径可用时，可增加其他属性来协助外部路由器选择最佳路径。这样路由器可使用不同的度量制式来限定路径。运行BGP有个特定的要求，即路径属性必须通过自

治系统传播。BGP要求每个外部路由器都与自治系统的所有外部路由器建立"内部"BGP连接。这些路由器通过全连接图链接到一起。在实际操作中，为了减轻负担，网络管理员只确保外部路由器都归属同一个有效连接图即可。建立这些内部连接的目的是想传播与内部网关协议无关的外部路由信息。

（五）域内路由算法

主要的域内路由协议有距离向量路由和链路状态路由。

距离向量算法的思想，顾名思义，每个结点构造一个包含到所有其他结点的"距离"（开销）的一维数组（一个向量），并将这个向量分发给与它直接相连的所有邻居。距离向量路由选择开始假设每个结点都知道到其直接连接的相邻结点的链路开销。到不相邻结点的链路的开销被指定为无穷大。

链路状态路由选择的假设同距离向量路由选择的假设非常相似。假设每个结点都能找出到它相邻结点的链路状态以及每条链路的开销。我们还希望提供给每个结点足够的信息，使它能找出到达任一目标的最小开销路径。链路状态协议的基本思想非常简单：每个结点都知道怎样到达与它直接相连的结点，如果确保这种信息可以完整地传播到每个结点，那么每个结点都有足够的信息来建立一个完整的网络映像。显然，这是找到到达网络中任一点的最短路径的充分非必要条件。因此，链路状态路由协议依靠两种机制：链路状态信息的可靠传播；根据所有积累的链路状态信息进行的路由计算。

二、路由协议

（一）路由选择信息协议（RIP）

使用最广泛的一种IGP是选路信息协议RIP（Routing Information Protocol），RIP的另一个名字是routed（路由守护神），来自一个实现它的程序。这个程序最初由加利福尼亚大学伯克利分校设计，用于给局域网上的机器提供一致的选路和可达信息。它依靠物理网络的广播功能来迅速交换选路信息。它并不是被设计来用于大型广域网的。

1.RIP的距离

路由信息协议RIP是内部网关协议IGP中最先得到广泛使用的协议，是分布式的基于距离向量的路由选择协议。

RIP协议要求网络中的每一个路由器都要维护从它自己到其他每一个目的

网络的距离记录。RIP协议中的"距离"也称为"跳数"，因为每经过一个路由器，跳数就加1。这里的"距离"实际上指的是"最短距离"，RIP认为一个好的路由就是它通过的路由器的数目少，即"距离短"。RIP协议定义从一路由器到直接连接的网络的距离定义为1。从一个路由器到非直接连接的网络的距离定义为所经过的路由器数加1。"距离"的最大值为16时即相当于不可达，RIP允许一条路径最多只能包含15个路由器。RIP只适用于小型互联网。RIP不能在两个网络之间同时使用多条路由。RIP选择一个具有最少路由器的路由（即最短路由），哪怕还存在另一条高速（低时延）但路由器较多的路由。

2.距离向量算法

RIP协议的基础就是基于本地网的矢量距离选路算法的直接而简单的实现。RIP协议仅和相邻路由器交换信息，协议按照固定的时间间隔交换路由信息。把参加通信的机器分为主动的和被动的。主动路由器向其他路由器通告其路由，而被动路由器接收通告并在此鉴础上更新其路由，它们自己并不通告路由。只有路由器能以丰动方式使用RIP，而主机只能使用被动方式。交换的信息是当前本路由器所知道的全部信息，即自己的路由表。对于路由表的建立，路由器在刚刚开始工作时，只知道到直接连接的网络的距离，此距离定义为1。以后，每一个路由器也只和数目非常有限的相邻路由器交换并更新路由信息。经过若干次更新后，所有的路由器最终都会知道到达本自治系统中任何一个网络的最短距离和下一跳路由器的地址。RIP协议的收敛过程较快，即在自治系统中所有结点都得到正确的路由选择信息的过程。距离向量算法收到相邻路由器的一个RIP报文。

第一步，先修改此RIP报文中的所有项目：把"下一跳"字段中的地址都改为X，并把所有的"距离"字段值加1。

第二步，对修改后的RIP报文中的每一个项目，按顺序重复以下步骤。如果项目中的目的网络不在路由表中，则把该项目加到路由表中。如果在表中，分析下一跳字段给出的路由器地址是否相同，则把收到的项目替换原路由表中的项目。如果不同则比较收到项目中的距离和路由表中的距离的大小，如果距离小则进行更新，如果不小则什么也不做。

第三步，若3分钟还没有收到相邻路由器的更新路由表，则把此相邻路由器记为不可达路由器，即将距离置为16（距离为16表示不可达）。

第四步，返回重复运行。

（二）OSPF协议

路由协议OSPF全称为Open Shortest Path First，也就是开放的最短路径优先协议。因为OSPF是由IETF开发的，它的使用不受任何厂商限制，所有人都可以使用，所以称为开放的；而最短路径优先（SPF）只是OSPF的核心思想，其使用的算法是Dijkstra算法，最短路径优先并没有太多特殊的含义，所有协议都会选最短的。

OSPF的流量使用IP协议号89。OSPF工作在单个AS，是个绝对的内部网关路由协议。OSPF对网络没有跳数限制，支持CIDR和VI。SMS，没有自动汇总功能，但可以手工在任意比特位汇总，并且手工汇总没有任何条件限制，可以汇总到任意掩码长度。OSPF支持认证，并且支持明文和MD5认证；OSPF不可以通过Offsetlist来改变路由的Metric。OSPF并不会周期性更新路由表，而采用增量更新；事实上，OSPF是间接设置了周期性更新路由的规则，因为所有路由都是有刷新时间的，当达到刷新时间阈值时，该路由就会产生一次更新，默认时间为1800秒，且1130分钟，所以OSPF路由的定期更新周期默认为30分钟。OSPF所有路由的管理距离（Administrative Distance）为110，OSPF只支持等价负载均衡。

距离矢量路由协议的根本特征就是自己的路由表是完全从其他路由器学来的，并且将收到的路由条目一丝不变地放进自己的路由表，运行距离矢量路由协议的路由器之间交换的是路由表，距离欠量路由协议是没有大脑的，路由表从来不会自己计算，总是把别人的路由表拿来就用。而OSPF完全抛弃了这种不可靠的算法，OSPF是典型的链路状态路由协议，路由器之间交换的并不是路由表，而是链路状态，OSPF通过获得网络中所有的链路状态信息，从而计算出到达每个目标精确的网络路径。

（三）BGP协议

BGP是为TCP/IP互联网设计的外部网关协议，用于多个自治域之间。BGP的主要目标是为处于不同AS中的路由器之间进行路由信息通信提供保证。它既不是基于纯粹的链路状态算法，也不是基于纯粹的距离向量算法。它的主要功能是与其他自治域交换网络可达性信息。

在网络启动的时候，不同自治域的相邻路由器（运行BGP）之间互相打开一个TCP连接（保证传输的可靠性），然后交换整个路由信息库。从那以后，只有拓扑结构和策略发生改变时，才会使用BGP更新消息发送。一个BGP更新消息可以声明或撤销到一个特定网络的可达性。在BGP更新消息中也可以包含通路的属性，属性信息可被BGP路由器用于在特定策略下建立和发布路由表。

为了满足互联网日益扩大的需要，BGP还在不断地发展。最新的BGP-4（RFC1771）还可以将相似路由合并为一条路由。

（四）EIGRP协议

增强内部网关路由线路协议EIGRP（Enhanced Interior Gateway Routing Protocol），即加强型内部网关路由协议，该协议是思科私有协议，只能运行在思科的设备上。EIGRPII够支持的协议有IP、Apple Talk和IPX。EIGRP的流量使用IP协议号88。EIGRP采用扩散更新算法（Diffused Update Algorithm，DUAL）来计算到目标网络的最短路径。EIGRP还是一个距离矢量路由协议，因为距离矢量路由协议的根本特征就是自己的路由表是完全从其他路由器学来的，并且将收到的路由条目一成不变地放进自己的路由表。

EIGRP使用了Autonomous System（AS）的概念，即使是这样，EIGRP也算不上外部网关路由协议（Exterior Gateway Protocol，EGP），因为不同AS之间，EIGRP无法传递路由信息，所以EIGRP依然是个内部网关路由协议（Interior Gateway Protocol，IGP）。AS是基于接口定义的，一台EIGRP路由器可以属于多个AS。EIGRP扩展了对大型网络的支持，不再像RIP那样只支持最大跳数15跳，而是扩展到了最大支持255跳，但默认情况下最大跳数为100跳。

EIGRP支持CIDR和VLSMs，但默认也会自动汇总，该功能可以手工关闭。EIGRP还支持手工汇总路由信息，并且手工汇总没有任何条件限制，可以汇总到任意掩码长度。EIGRP支持认证，并且只支持MD5认证；支持通过Offsetlist来增加路由的Metric，只可以增加，不可以减少；EIGRP也支持Passive. Interface（被动接口），但EIGRP的被动接口与RIP不同，RIP的被动接口不向外发路由，但可以接收路由，而EIGRP的被动接口不接收也不发送路由。EIGRP并不会周期性更新路由表，而采用增量更新，即只在路由有变化时，才会发送更新，并且只发送有变化的路由信息。有时EIGRP并不知道邻居的路径是否还依然有效，并且路由没有超时。EIGRP自己内部路由的管理距离（Administrative Distance）为90，而从外部重分布进EIGRP的管理距离为170。EIGRP支持非等价负载均衡，最多支持6条，默认为4条，但非等价负载均衡功能默认为关闭状态。

参考文献

[1] 颜军.物联网概论[M].北京：中国质检出版社，2011.

[2] 刘纪红，潘学俊，梅梅.物联网技术与应用[M].北京：国防工业出版社，2011.

[3] 杨刚，沈沛意，郑春红.物联网理论与技术[M].北京：科学出版社，2010.

[4] 孙敏.移动RFID网络与EPC网络互通技术的研究[D].南京：南京邮电大学，2008.

[5] 叶晓丽.基于近场通信技术的移动支付系统的硬件设计研究[J].信息科技辑，2011（S1）：8.

[6] 瞿磊，刘盛德，胡咸斌.ZigBee技术及应用[M].北京：北京航空航天大学出版社，2007.

[7] 钟永锋，刘永俊.ZigBee无线传感器网络[M].北京：北京邮电大学出版社，2011.

[8] 蒋昌茂，程小辉.无线宽带IP通信原理及应用[M].北京：电子工业出版社，2010.

[9] 崔鸿雁，蔡云龙，刘宝玲.宽带无线通信技术[M].北京：人民邮电出版社，2008.

[10] 伍新华，陆丽萍.物联网工程技术[M].北京：清华大学出版社，2011.

[11] 司鹏博，胡亚辉.无线宽带接入新技术[M].北京：机械工业出版社，2007.

[12] 郭渊博，杨奎武.ZigBee技术与应用：CC2430设计、开发与实践[M].北京：国防工业出版社，2010.

[13] 李文仲，段朝玉.ZigBee 2006无线网络与无线定位实战[M].北京：北京航空航天大学出版社，2008.

[14] 郎为民.射频识别（RFID）技术原理与应用[M].北京：机械工业出版社，

2006.

[15] 喻宗泉.蓝牙技术基础[M].北京：机械工业出版社，2006.

[16] 张新程，付航，李天璞，等.物联网关键技术[M].北京：人民邮电出版社，2011.

[17] 张鸿涛，徐连明，张一文.物联网关键技术及系统应用[M].北京：机械工业出版社，2011.

[18] 熊茂华等.物联网技术及应用开发[M].北京：清华大学出版社，2014.

[19] 崔艳荣，周贤善.物联网概论[M].北京：清华大学出版社，2014.

[20] 薛燕红.物联网导论[M].北京：机械工业出版社，2014.

[21] 王春东.信息安全管理[M].武汉：武汉大学出版社，2008.

[22] 黄波，刘洋洋.信息网络安全管理[M].北京：清华大学出版社，2013.

[23] 王群.计算机网络安全管理[M].北京：人民邮电出版社，2010.

[24] 付永钢.计算机信息安全技术[M].北京：清华大学出版社，2012.

[25] 唐成华.信息安全工程与管理[M].西安：西安电子科技大学出版社，2012.

[26] 李继国，余纯武.信息安全数学基础[M].武汉：武汉大学出版社，2006.

[27] 胡爱群，蒋睿，陆哲明.网络信息安全理论与技术[M].武汉：华中科技大学出版社，2008.

[28] 王宇，阎慧.信息安全保密技术[M].北京：国防工业出版社，2010.

[29] 范红，胡志昂，金丽娜.信息系统等级保护安全设计技术实现与使用[M].北京：清华大学出版社，2010.

[30] 张浩军，杨卫东，谭玉波.信息安全技术基础[M].北京：中国水利水电出版社，2011.

[31] 曾宪武.物联网通信技术[M].西安：西安电子科技大学出版社，2014.

[32] Siamak Azodolmolky.软件定义网络：基于OpenFlow的SDN技术揭秘[M].徐磊，译.北京：机械出版社，2014.

[33] 刘传清，刘化君.无线传感网技术[M].北京：电子工业出版社，2015.

[34] 朱近之.智慧的云计算：物联网发展的基石[M].北京：电子工业出版社，2010.

[35] 刘化君.物联网体系结构的构建[J].物联网技术，2015（1）：18-20.

[36] 鄂旭，王欣铨，张野，等.物联网概论[M].北京：清华大学出版社，2015.

[37] 唐志凌.射频识别（RFID）应用技术[M].北京：机械工业出版社，2014.

[38] 吴功宜.物联网工程导论[M].北京：机械工业出版社，2016.

[39] 王佳斌，张维纬，黄诚惕.RFID技术及应用[M].北京：清华大学出版社，
2016.

[40] Herve Chabanne, Pascal Urien, Jean-Ferdinand Susini. RFID与物联网[M].宋
廷强，译.北京：清华大学出版社，2016.

[41] 单承赣，单玉峰，姚磊，等.射频识别（RFID）原理与应用（第2版）[M].北
京：电子工业出版社，2015.

[42] 董健.物联网与短距离无线通信技术[M].北京：电子工业出版社，2012.

[43] 李旭，刘颖，等.物联网通信技术[M].北京：清华大学出版社，2014.

[44] 刘乃安.无线局域网（WLAN）——原理、技术与应用[M].西安：西安电子科
技大学出版社，2004.

[45] 张振川.无线局域网技术与协议[M].沈阳：东北大学出版社，2003.

[46] 杨家玮，盛敏，刘勤.移动通信基础[M].北京：电子工业出版社，2005.

[47] 郭梯云，杨家玮，李建东.数字移动通信（修订本）[M].北京：人民邮电出版
社，1001.

[48] 李世鹤.TD-SCDMA第三代移动通信系统标准[M].北京：人民邮电出版社，
2003.

[49] 丘玲，朱近康，孙葆根，等.第三代移动通信技术[M].北京：人民邮电出版
社，2001.

[50] Theodore S.Rappaport.无线通信原理与应用[M].蔡涛，等，译.北京：电子工
业出版社，1999.

[51] Erik Dahlman.4G移动通信技术权威指南LTE与LTE-Advanced[M].朱敏，等，
译.北京：人民邮电出版社，2015.

[52] 叶磊.物联网与无线传感器网络[M].北京：电子工业出版社，2013.

[53] Matthew Baker.LTE-UMTS长期演进理论与实践[M].马霓，等，译.北京：人民
邮电出版社，2009.

[54] 赵国锋，陈婧，韩远兵，等.SG移动通信网络关键技术综述[J].重庆邮电大学
学报（自然科学版），2015，27（4）：441-452.

[55] 曾宪武.物联网通信技术[M].西安：西安电子科技大学出版社，2014.

[56] 朱晓荣.物联网与泛在通信技术[M].北京：人民邮电出版社，2010.

[57] 小火车.大话5G[M].北京：电子工业出版社，2016.

[58] 博斯沃西克.M2M通信[M].北京：机械工业出版社，2013.

[59] 阿克塞尔·格兰仕，奥利弗·荣格.机器对机器（M2M）通信技术与应用[M].翁卫兵，译.北京：国防工业出版社，2011.

[60] 朱雪田.物联网关键技术与标准：应对M2M业务挑战的4G网络增强技术[M].北京：电子工业出版社，2014.

[61] 潘浩，董齐芬，张贵军，等.无线传感器网络操作系统TinyOS[M].北京：清华大学出版社，2011.

[62] 刘军.物联网技术[M].北京：机械工业出版社，2017.

[63] 屈军锁.物联网通信技术[M].北京：中国铁道出版社，2011.

[64] 季顺宁.物联网技术概论[M].北京：机械工业出版社.2017.

[65] 韩露.近场通信技术及其应用[J].移动通信，2008（3）：27.

[66] 刘淑萍.近场通信技术与图书馆服务创新[J].图书情报工作，2014，8（16）：92.